ro
ro
ro

Zu diesem Buch

Wie wird das Wetter? Es ist gar nicht so schwer, die Antwort auf eine der beliebtesten Fragen selbst zu geben. Jörg Kachelmann und Siegfried Schöpfer versetzen mit Hilfe anschaulicher Fotos jedermann in die Lage, durch Beobachtung der Wolkenbildung eigene Vorhersagen zu treffen. Darüber hinaus erfährt man das Wichtigste über die alltägliche Arbeit der Meteorologen und Interessantes über ungewöhnliche Wetterphänomene.

Die Autoren

Jörg Kachelmann studierte Geographie, Meteorologie, Mathematik und Physik in Zürich. In den neunziger Jahren gründete er das meteorologische Dienstleistungsunternehmen Meteomedia und ist Produzent und Moderator populärer Wettersendungen u. a. für die ARD.

Siegfried Schöpfer studierte Mathematik, Physik und Astronomie, war im Zweiten Weltkrieg Meteorologe beim Luftwaffenwetterdienst und danach bis zu seiner Pensionierung Direktor der Staatlichen Akademie zur Lehrerfortbildung in Comburg.

Jörg Kachelmann
Siegfried Schöpfer

Wie wird das Wetter?

Eine leicht verständliche Einführung für jedermann

Rowohlt Taschenbuch Verlag

3. Auflage Oktober 2008

Veröffentlicht im Rowohlt Taschenbuch Verlag,
Reinbek bei Hamburg, Februar 2006

Teile dieser Ausgabe basieren auf dem in der
Franckh'schen Verlagshandlung, Stuttgart 1960,
erschienenen gleich lautenden Titel
von Siegfried Schöpfer
Lektorat Frank Strickstrock
Abbildungen im Text Peter Palm, Berlin
Einbandgestaltung ZERO Werbeagentur, München,
nach einem Entwurf von any.way, Hamburg
(Foto: Craig Aurness/Corbis)
Druck und Bindung CPI – Clausen & Bosse, Leck
Printed in Germany
ISBN 978 3 499 62089 8

Inhalt

Die großen Dinge

Spuk in der Atmosphäre

Von Bauernregeln und Aberglauben

Der Meteorologe bei der Arbeit

Vom Wetter zum Klima

Ratschläge

Zum Nachschlagen

Die Kapitel 19 bis 32, 34 bis 39 und 43 stammen von Jörg Kachelmann.

Vorwort

Wenn der Vater nicht mehr lebt, und das auch schon lange nicht mehr, forscht man irgendwann nach Dokumenten, die seine Existenz festhalten und an deren Entstehen man sich gerne erinnert. Wenn mir mein Vater ein Buch geschenkt hatte, schrieb er manchmal eine Widmung oder meinen Namen auf die Seite 3 dieses Buchs.

Das erste Buch, das mir so zugeeignet wurde und natürlich bald auch einen Plastik-Schutzumschlag trug, damit ihm ja nichts passiere, war Siegfried Schöpfers «Wie wird das Wetter?». Ich hatte mit zehn beschlossen, Meteorologe zu werden, und meine Eltern waren natürlich nicht unglücklich darüber, dass der Bub schon früh wusste, was er wollte. Es gab damals noch nicht so viel Wetterliteratur wie heute, die Fernseh-Wetterberichte in der ARD waren noch rudimentär, es gab noch kein «Wetter im Ersten». Siegfried Schöpfers Buch hat damals nicht nur meinen Vater, sondern auch mich überzeugt. Ich weiß nicht, wie oft ich es gelesen habe; als ich 16 war, kannte ich es in großen Zügen auswendig. Für mich hat Schöpfers Buch den Beweis angetreten, dass Wettervorhersage mehr ist als Satelliten und Computer, dass die Meteorologie ein wunderbares Hobby ist, das man auch zu seinem Beruf machen kann. Es gibt Meteorologen, die haben nie eine Universität von innen gesehen, gehören aber zu den besten Fachkräften mit den besten Vorhersage-Ergebnissen in Europa.

Die Basis solcher Tellerwäscher-Karrieren vom Hobby- zum professionellen Meteorologen ist die schiere Leidenschaft, die all diese Kollegen wie auch mich schon in der Kindheit begleitete: Wenn es nachts schneit, muss man raus, um zu messen, nur so «gilt» der Schneefall. Kein Gewitter verpassen. Bei Sturm die ganze Nacht am Fenster, später vor der Anzeige des Windmess-Gerätes kleben. Hagelkörner sammeln und einfrieren. Die erste Freundin zur nächtlichen Regenmessung schleppen. Wünsche zum Geburtstag und zu Weihnachten und zur Konfirmation und zur Kommunion haben: ein Wettergerät. Ein Wetterbuch. Ein anderes Wettergerät. Ein neues Wetterbuch.

Zwei Dingen verdanke ich, dass ich meine frühe Entscheidung nicht revidiert habe: dem Buch von Siegfried Schöpfer und der Wetterhütte, die ich vom Schreinermeister Egon Kult zur Konfirmation bekommen habe. Beide haben mir die Sicht auf die professionelle Meteorologie geöffnet, die aber ohne die traditionelle Handarbeit nicht auskommt. Schöpfers Buch hat mir damals gezeigt, dass am Himmel viel zu sehen ist, was für die eigene kleine Wettervorhersage umzusetzen ist, und er hat mich gelehrt, dass Wetter eigentlich gar nicht so kompliziert ist, die Grundsätze einfach erklärt werden können. Ein bisschen was von diesem volkshochschulischen Prinzip versuchen wir im Wetter nach den ARD-*Tagesthemen* weiterzugeben: Warum ist der Himmel blau, warum sind Schneeflocken sechseckig, was ist ein Kaltlufttropfen, und warum weht der Wind vom Hoch ins Tief – Schöpfer hat es vorgemacht, Kachelmann hat es nachgemacht.

Geholfen hat mir heute und damals Schöpfers Beispiel der unprätentiösen Sprache. Ein großes Latinum macht mich zwar *post festum* ein wenig stolz, aber der Wetterbericht ist der falsche Ort, um pseudowissenschaftliche Manierismen auszuleben. «Regen» oder «Schnee» zu sagen ist oft sinnvoller als «Niederschlag», dass es kälter wird, ist einsichtiger als ein Temperaturrückgang. Und wenn es richtig stark regnet, darf es zumindest im alemannischen Sprachraum einmal schiffen. Wenn Schöpfer schrieb: «Die Wolke war die einzige in dieser Art an jenem Tag, lebte ungefähr eine Stunde und wurde von dem starken Wind in diesen Höhen buchstäblich auseinander gepustet», dann habe ich verstanden, dass starke Höhenwinde für die Bildung von Wärmegewittern eher unpraktisch sind.

Das Buch hat mich nie mehr losgelassen, und ich habe es nicht vergessen. Als ich es vor einiger Zeit in einem Fragebogen zu meinen drei Lieblingsbüchern zählte, wurde der Rowohlt Verlag hellhörig, für den ich schon als Herausgeber eines Buchs über die Elbe-Flut arbeiten durfte. Und gemeinsam durften wir, die Rowohlt-Leute und ich, uns darüber freuen, dass Siegfried Schöpfer, fast 100 Jahre alt, immer noch Lust und Laune hatte, an einer sanft modernisierten Fassung seines Buches mitzuarbeiten – zusammen mit mir, für den sich ein Kreis schließt und ein Erwachsenentraum in Erfüllung geht: Mit einem Idol seiner Jugend gemeinsam etwas zu schaffen, was man sich dann ins Bücherregal stellen kann. Und vielleicht hilft die neue Ausgabe auch wieder ein paar Kindern und Jugendlichen – und natürlich auch Ihnen –, sich vom Wetter faszinieren zu lassen und später dabeizubleiben. So ist es ein Buch mit Siegfried Schöpfer geworden, den ich darum beneide, schon so viel Wetter wie kaum jemand gesehen zu haben. Siegfried Schöpfer hat nicht nur Wetter, sondern Klima erlebt. Ich hätte mir gewünscht, dass mein Vater noch hätte erleben dürfen, dass sein Geschenk diese späten Früchte trägt. Ihm möchte ich dieses Buch widmen.

Jörg Kachelmann

Vorwort

Wer hätte gedacht, dass mein Wetterbuch – 1960 zuerst erschienen und seit 1985 mit der 8. Auflage vergriffen – wieder erstehen würde?

Das verdanke ich Jörg Kachelmann, der das Buch mit dem vorliegenden Neudruck in mehreren Kapiteln neu gestaltet, ergänzt und auf den heutigen Stand gebracht hat. Welch ein Glück für mich als Autor, einen Leser wie den jungen Jörg Kachelmann gefunden zu haben, der das Anliegen des alten Buches so gut verstand, dass es ihm als Anregung für seinen Lebensweg dienen konnte.

Im Vorwort meiner 1. Ausgabe schrieb ich damals ein wenig verspielt, dass ich dem Spiel der Schmetterlinge und Libellen das der Wolken hinzufügen wolle. Die Welt ist nüchterner geworden – Schmetterlinge und Libellen seltener, Wolken aber gibt es immer noch in ihrer ganzen Vielfalt und sicher auch Wissensdurstige, die das Spiel der Wolken verstehen lernen wollen.

Diese Aufgabe will das Buch erfüllen – es ist dieselbe geblieben wie vor 40 Jahren.

Für die gesamte Neugestaltung sei dem Rowohlt Verlag besonders gedankt.

Siegfried Schöpfer

Einleitung

Irgendwann zwischen Anfang und Mitte der achtziger Jahre entdeckten die Medien mit einem Mal das Wetter. Bis dahin war es für die große Mehrheit nicht viel mehr als ein Smalltalk-Thema. Wirklich wichtig wurde es nicht genommen. Das Fernsehen begnügte sich am Schluss der «Tagesschau» mit einer schmuck- und reizlosen Wetterkarte und entledigte sich lustlos der Pflicht zur Vermeldung eines Atlantik-Hochs oder von «abklingender Schauertätigkeit». Und plötzlich wurde das Wetter interessant, vielleicht auch, weil wir wegen des um sich greifenden Effizienzdenkens auch in unserer Freizeit immer weniger dem Zufall überlassen wollten. Zeitungen warteten mit einem Mal mit halbseitigen Wetterberichten auf und verbreiteten Spezialkenntnisse, die bis dahin keiner vermisst hatte. Gut zehn Jahre später passierte mit dem Börsenboom am «Neuen Markt» etwas Ähnliches. Was früher Spezialwissen war, wurde zum alltäglichen Medienstoff.

Und dennoch: Man kann sich des Eindrucks nicht erwehren, das trotz des «Wetterbooms» in den letzten anderthalb Jahrzehnten, trotz der vielen Berichte und auch Bücher darüber, die Grundkenntnisse, wie das Wetter in unseren Breiten eigentlich zustande kommt und wie man Wetterwechsel vorhersehen kann, nicht wirklich zugenommen haben, wenn man mal von jenen absieht, die beruflich mit dem Wetter umgehen.

Kleine flauschige Wolkenbällchen stehen im mittelhohen Wolkenstockwerk am Himmel (Altocumulus floccus), dazu gesellen sich auch Cirruswolken. Von ihnen hängen lange faserige Schleppen herab (virgae). Es sind Fallstreifen, Niederschlagspartikel, die zumeist aus Eiskristallen bestehen. Sie fallen aus der Hauptwolke aus, gelangen in tiefere Atmosphärenschichten mit geringeren Windgeschwindigkeiten und bleiben so hinter der Hauptwolke zurück.

Dass Gärtner und Landwirte, Seefahrer und Flugzeugführer, Bergsteiger und Ballonfahrer weitgehend vom Wetter abhängig sind, liegt auf der Hand.

Die Meteorologie, die Lehre vom Wetter, ist eine Naturwissenschaft wie die Lehre von den Tieren oder die Lehre von den Pflanzen oder die der Steine. Genau genommen ist sie aber nur ein Teil der angewandten Physik. Um die vielseitigen Wettervorgänge richtig verstehen zu können, ist ein Studium der Meteorologie mit Mathematik und Physik vonnöten. Aber so, wie viele Menschen sich für Pflanzen oder Tiere interessieren, ohne Botanik oder Zoologie studiert zu haben, und gleichwohl über erstaunliche Kenntnisse verfügen, so ist auch die Wetterkunde in ihren Grundzügen keineswegs schwierig zu verstehen.

Wie das Wetter im Augenblick verläuft, das sehen wir – wie das Wetter aber morgen oder übermorgen wird, das ist die Frage, die wir stets beantwortet wissen wollen. Im Besonderen interessieren uns dabei die Niederschläge: Kommt es zum Regen oder nicht? Wir sprechen dann von schlechtem Wetter, wenn es regnet. Sicherlich ist diese Bezeichnung nicht sinnvoll, wenn wir uns überlegen, dass nach einer langen Trockenheit ein Regen für den Landwirt niemals schlechtes Wetter bedeuten kann. Eigentlich sollten wir uns über jeden Regen freuen, denn viel häufiger fehlt es am notwendigen Nass, als dass es zu viel wäre – von Katastrophenfällen abgesehen.

Wenn wir über das kommende Wetter etwas aussagen wollen und keine Hilfsmittel und keine Instrumente zur Verfügung haben, müssen wir unser Augenmerk auf die Wolken richten. Wir denken dann vielleicht sofort an eine Wolkenübersichtstabelle oder einen Wolkenatlas, in dem wir das Bildmaterial mit den beobachteten Wolken vergleichen und Aufschluss darüber erhalten können, ob eine Wolke eine Schönwetterwolke oder eine Regenwolke ist. Ganz so einfach macht es die Natur uns nicht: Aus einer kleinen, am Vormittag beobachteten und im Wolkenatlas als Schönwetterwolke bestimmten Wolke kann sich (muss aber nicht) in einigen Stunden ein mächtiges Gewitter, unter Umständen sogar mit Hagel, entwickeln. Aus einer gleichartigen, formenähnlichen Wolke kann es einmal zum Regnen kommen, ein andermal aber auch nicht. Die Wolkenformen oder die Wolkennamen sagen also allein nicht eindeutig aus, wie das Wetter wird. Wir müssen auf die Weiterentwicklung, auf die Art der Veränderung oder gegebenenfalls auf die Auflösung der Wolken achten. Kurz: Nicht wie die Wolke heißt ist entscheidend, sondern was sie tut!

Wir werden in den ersten Abschnitten dieses Buches anhand des Bildmaterials nur beobachten und daraus unsere Schlüsse ziehen. Nach den Ursachen, nach dem Warum und Wieso, fragen wir erst später. Dabei wollen wir uns zunächst bewusst von allen rein fachlichen Begriffen und Definitionen freihalten und die Dinge nur so benennen, wie wir sie aus dem Alltag her kennen. Zunächst aber noch einige weitere Vorbemerkungen.

Beim Wettergeschehen haben wir des Öfteren den Eindruck der Plötzlichkeit. Wir hören von einem plötzlich hereinbrechenden Gewitter, von einem plötzlich einsetzenden Hagelwetter, oder wir lesen in der Zeitung von einem plötzlich aufkommenden Unwetter, das die Bergsteiger zum Biwakieren zwang. Jedoch liegt diese Plötzlichkeit, in der der Mensch von einem Wetter überrascht wird, einfach daran, dass er die vorhergehende Wetterentwicklung nicht beobachtet hat. Wenn im Herbst eine reife Kastanie vom Baum fällt, so geschieht dies auch mit einer gewissen Plötzlichkeit; niemand würde es aber einfallen zu behaupten, die Kastanie wäre vor ihrem Fall nicht auch schon da gewesen. Wir wissen, dass diese Kastanie im Frühling geblüht und einen ganzen Sommer gebraucht hat, bis sie reif war; und dann erst fällt die Kastanie aus ihrer Schale.

Wenn auch ein Gewitter kein halbes Jahr benötigt, bis es zum ersten Mal blitzt, so braucht es doch mehrere Stunden, bis es aufgebaut ist und zur ersten Entladung kommt. Jede Wetterentwicklung braucht eine geraume Zeit und kündigt sich stets lange vor dem Niederschlag durch ihr Wolkenbild und andere Umstände, die wir noch kennen lernen werden, sehr deutlich an. Blitzschlag oder Hagel, Regen oder Schnee sind stets Endphasen von Wettervorgängen, so wie die reife Kastanie die Endphase eines langen Wachstums ist.

Es macht also Sinn, rechtzeitig einen Blick auf die Wolken zu haben. Diese Wolken befinden sich für uns ganz selbstverständlich in der Luft; wir sprechen von Wolken, wenn diese Gebilde über uns sind. Stecken wir aber als Bergsteiger in den Wolken drin oder liegen diese Wolken am Boden auf, dann sprechen wir meist von Nebel. Nebel und Wolken sind also dasselbe, nur kommt es darauf an, wo sie sich befinden bzw. von wo aus wir sie beobachten. Der Laie stellt sich häufig vor, diese Wolken gingen bis in die höchsten Schichten unserer Lufthülle hinein. Das menschliche Auge hat jedoch am Himmel keine Anhaltspunkte zu einer verlässlichen Entfernungsschätzung. Wir können am nächtlichen Himmel nicht sagen, welche Sterne näher und welche weiter entfernt sind, genauso können wir nicht abschätzen, ob die Sonne am Tag oder der Mond bei Nacht verschieden weit von uns entfernt sind. Die Wolken zum Beispiel, die wir um den Mond ziehen sehen und die wir unter dem Namen Schäfchenwolken kennen, sind im Durchschnitt drei bis vier Kilometer hoch, der Mond dagegen ist rund 384 000 Kilometer entfernt, das heißt also: der Mond ist etwa 100 000-mal weiter entfernt von uns als die Schäfchenwolken. Das gesamte sichtbare Wettergeschehen mit Wolken, Sturm und Gewitter, Regen und Schnee spielt sich in der untersten Schicht unserer Lufthülle ab, nicht höher als rund zehn Kilometer, während die Höhe der gesamten Lufthülle, die die Erde umgibt, nach den Messergebnissen der künstlichen Satelliten mit mindestens 1000 Kilometer anzusetzen ist.

Wenn wir uns die Erde einmal als eine Kugel von anderthalb Meter Durchmesser vorstellen, so betrüge die Höhe der gesamten Lufthülle in diesem Maßstab ungefähr zehn Zentimeter, während das Wetter sich eben nur in der untersten Schicht abspielt, die in diesem Maßstab knapp einen einzigen Millimeter beträgt. Diese Wettersphäre umschließt also die Erde wie eine enge Haut und ist der Erdoberfläche ganz dicht aufgelagert. Dass ohne das Phänomen der Luft kein Wettergeschehen möglich wäre, ist offensichtlich. Und wir benötigen die Luft, die zu rund einem Fünftel aus Sauerstoff besteht, nicht nur zur Atmung. Die Atmosphäre ist für uns gleichzeitig ein Schutzmantel vor allzu großer Sonnenenergie.

Die wolkenlose Luft erscheint uns im Allgemeinen im blauen Licht, das allerdings sehr verschieden sein kann. Jedermann kann sehen, dass das Himmelsblau im Frühling und im Herbst meist viel intensiver ist als im Sommer, und dass der Großstädter seinen blauen Himmel oft nur noch in sehr bleicher Form sieht. Es sind also noch Bestandteile in der Luft, die das Himmelsblau unter bestimmten Umständen mehr oder weniger verändern und trüben können. Darüber hinaus hat jeder sicherlich schon bemerkt, dass das Blau sich dem Horizont zu stets aufhellt, und jeder hat schon einmal gehört, dass man aus den Dämmerungsfarben bzw. aus der Art des Sonnenuntergangs Schlüsse auf das kommende Wetter am anderen Tag ziehen kann: Geht zum Beispiel die Sonne rot und in leichtem Dunst am wolkenlosen Horizont unter, so verspricht der nächste Tag schön zu bleiben oder zu werden; neigt sich aber die Sonne gelb und stechend dem Horizont zu, der nicht wie sonst rötlich, sondern ebenfalls gelb, fast quittengelb erscheint, so kann dies ein Zeichen für aufkommendes Regenwetter sein.

Irgendwie müssen wir bei unseren Betrachtungen zwischen dem Wetter ohne Niederschlag und dem Wetter mit Niederschlag unterscheiden. Die Bezeichnungen «gutes Wetter» und «schlechtes Wetter» wollen wir aus den schon eingangs geschilderten Gründen besser nicht verwenden. Wir wählen deshalb die Ausdrücke Schönwetter und Regenwetter. Entsprechend können wir von Schönwetterwolken und Regenwolken sprechen, müssen uns aber, wie gesagt, darüber klar sein, dass es Schönwetterwolken gibt, die es nur scheinbar sind und die zu Regenwolken werden können.

Noch ein Hinweis zum Schluss dieser Einleitung: Alle 70 Bilder, die nun folgen, sind einzeln geknipst und mit einem Weitwinkelobjektiv aufgenommen, das heißt, die gezeigten Bildausschnitte sind weiter als bei einer Kamera mit gewöhnlicher Linse. Dem Leser erscheinen die Bilder bei der Betrachtung «normal» – sie zeigen aber in Wirklichkeit einen größeren Himmelsausschnitt als das gewohnte Bild. Der Vorteil dieser Technik ist die Möglichkeit, Wolken, die sich wegen ihrer Größe sonst nur teilweise abbilden lassen, ganz zu zeigen.

Vom täglichen Wetter im Sommer

1. Ein Wölkchen entsteht

Wir kennen den folgenden Vorgang bestimmt schon aus eigener Beobachtung: Am frühen Morgen ist der Himmel wolkenlos; am Vormittag – manchmal früher, manchmal später – kommen, besser gesagt entstehen die ersten Wolken. Wir können nämlich zuschauen, wie die Wolken beginnen, und bemerken, dass sie nicht immer gezogen kommen, sondern dass sie vor unseren Augen entstehen können. Wie aus dem Nichts heraus steht ein solches Wölkchen zuerst ganz winzig klein am Himmel.

So, wie der größte Strom irgendwo in einem Wald oder auf einer Wiese als Quelle und kleines Bächlein begonnen hat, so müssen auch der größte Regenguss und das stärkste Gewitter mit einer kleinen Wolke anfangen. Bald aber bleibt es nicht bei einer Wolke, sondern rechts und links und vor und hinter uns beginnt der Himmel sich mit Wolkenschiffchen zu beleben. Zunächst können wir jede neugeborene Wolke als Schönwetterwolke bezeichnen, denn wie sollte aus einer so winzig kleinen, weißen Wolke Regen oder gar Hagel fallen? Dann aber kommt es darauf an, was weiter aus der Wolke wird, ob sie wirklich eine Schönwetterwolke bleibt oder ob sie sich zu einer Regen- oder Gewitterwolke verändert.

In den folgenden Bildern werden wir verschiedene Möglichkeiten von Wolkenentwicklungen beobachten, um den Umstand herauszuarbeiten, wann eine Schönwetterwolke zur Gewitterwolke wird. Wir müssen uns aber davor hüten, bei der Wetterbeobachtung in einen allzu menschlichen Fehler zu verfallen: anzunehmen, dass der Wetterzustand, den wir soeben beobachten, in den nächsten Stunden oder Tagen auch so bleiben wird. Die Veränderung ist ja gerade die Würze im Wettergeschehen, und der wolkenlose Himmel am Morgen eines Sommertages sagt noch gar nichts über das Wetter aus, das an diesem Tag kommen wird. Im Übrigen: Keine Wolke sieht der andern gleich!

Wir erleben auf den Bildern 1 bis 4 zweimal an verschiedenen Orten und an verschiedenen Tagen, aber beide Male an einem Sommervormittag, wie Wolken entstehen. Auf den linken Bildern 1 und 3 ist der Himmel noch wolkenlos, auf den rechten Bildern 2 und 4 ist wenige Sekunden nach den linken Aufnahmen je ein Wölkchen geboren worden. Aus der Tatsache, dass Wolkenentstehung eingesetzt hat, können wir aber noch keine entscheidenden Schlüsse auf das kommende Wetter ziehen. Wir können höchstens sagen: Je später am Tag die Wolkenentwicklung einsetzt, desto später erst könnte vielleicht unter bestimmten Voraussetzungen noch Niederschlag erfolgen bzw. umso geringer ist die Chance, dass eine Wolke noch zur Gewitterwolke wird. Kommt es überhaupt nur zur Bildung allerkleinster Wölkchen und verändern diese sich nicht, so bleibt das Wetter selbstverständlich schön.

Nach der Wolkenentstehung bemerken wir bald, dass die Wolken selten still stehen. Wir erkennen somit zwei Kräfte, die an den Wolken wirksam sind: 1. Die inneren Kräfte, die die Wolken entstehen und sich verändern lassen, 2. den Wind, das heißt die Luftbewegung, die die Wolken führt und ebenfalls verändern kann.

Die Schlüsse, die wir in den folgenden Kapiteln ziehen, gelten jeweils nur für die in den Bildern dargestellten Wolken und somit nur unter der Voraussetzung, dass bei unserer Beobachtung draußen keine anderen Wolken zusätzlich zu sehen sind. Wir werden uns auch in unseren Voraussagen ein wenig bescheiden müssen, denn wir können aus unseren Betrachtungen keineswegs Schlüsse ziehen, wie das Wetter in fünf oder zehn Tagen sein wird. Aber immerhin werden es gültige Aussagen für den Tag der Beobachtung, vielleicht auch für den kommenden Tag sein.

Wir werden uns auch davor hüten müssen, unsere Erkenntnisse räumlich zu verallgemeinern. Wenn wir zum Beispiel in Stuttgart feststellen, dass an einem bestimmten Tag das Wetter schön bleiben wird, so kann wohl auch in Frankfurt oder Bremen Schönwetter sein, es kann dort aber auch genauso gut regnen; über einem Gebiet, das sich über mehrere hundert Kilometer erstreckt, wird selten ein ganz einheitliches Wetter herrschen.

2

4

5
6
7
8

2. Eine Wolke entwickelt sich

Wir stehen auf der Hochfläche der Schwäbischen Alb am Lochenpass bei Balingen. Wieder ist es Vormittag an einem schönen Sommertag, und soeben auf Bild 5 entsteht das erste Wölkchen. Die weitere Entwicklung der Wolke erleben wir in jeweils fünf Minuten Abstand und bemerken zunächst auf Bild 6, dass es inzwischen zwei Wölkchen geworden sind. Die Wolkenfahrt ist im Bezug auf die einzelne Fichte gut erkennbar. Bild 7 zeigt uns, dass aus den beiden kleinen Wölkchen nun ordentliche Wolken geworden sind; doch sicherlich sehen sie noch nicht nach Niederschlag aus. Aber wir wollen kritisch sein – vielleicht könnten sich diese Wolken noch zu Regenwolken entwickeln, denn das Bild 7 lässt darüber noch keineswegs eine feste Aussage zu. Also beobachten wir weiter und, siehe da, in Bild 8 – wieder nur fünf Minuten später – decken die Wolken ihre Karten auf:

Deutlich ist zu erkennen, wie die Wolken sich strecken, wie sie sich nicht mehr weiter in die Höhe entwickeln, dafür aber flach werden und sich ausbreiten. Ein Segelflieger würde sich an diesem Tag nicht allzu sehr freuen, denn wenn die Wolken nicht in die Höhe streben, dann kommt auch er nicht höher hinauf. Er würde aber bemerken, dass die Wolken alle in derselben Höhe wie auf einer unsichtbaren Ebene aufsitzen.

Der Tag verlief nun weiterhin ausgesprochen schön und ohne jeden Niederschlag. Es käme uns wohl auch unnatürlich vor, wenn aus einer solchen Bewölkung ein Gewitter entspränge. Die Entwicklung zur Ausbreitung der Wolken kann manchmal schneller, manchmal langsamer gehen, darf aber als ein ausgesprochenes Schönwetterzeichen angesehen werden.

Als 1. Ergebnis dürfen wir nun feststellen: Wolken, die sich nach ihrer Entstehung nicht weiter in die Höhe entwickeln und sich flach ausbreiten, sind und bleiben Schönwetterwolken.

3. Wolken lösen sich wieder auf

Die Bildfolge 9 bis 12 führt uns nicht, wie man vielleicht annehmen könnte, nach Sizilien, sondern auf die Burgsteige in Esslingen am Neckar. Wieder ist es Vormittag, doch schalten wir uns in das Wolkengeschehen nun etwas später ein; wir beobachten nicht mehr die Entstehung, sondern die Wolken im Alter von ungefähr 30 bis 40 Minuten. Zum besseren Verständnis des Bildes 9 sei noch gesagt, dass die Wolken rechts im Hintergrund entstanden und dann mit einem leichten Wind nach links vorne dem Beschauer näher gekommen sind. Es ist dabei nicht zufällig, dass diese Wolken wie im Gänsemarsch fast in einer geraden Linie hintereinander dreinkommen, denn sie sind ja alle an derselben Stelle entstanden, und der Wind hat sie auf der gleichen Bahn mitgenommen. Häufig lassen sich solche «Wolkenfahrstraßen» beobachten.

Auf Bild 10, das genau zwei Minuten nach Bild 9 entstanden ist, erkennen wir, dass einige Wolkenteile wieder verschwunden sind. Wir bemerken also eine Wolkenauflösung. Und das wirft die Frage auf, ob und wie wohl ein Gewitter entstehen kann, wenn die Wolken sich nach einer Lebensdauer von rund einer halben Stunde wieder in Wohlgefallen auflösen. Wir wollen aber keine zu schnellen Schlüsse ziehen, denn es könnte ja sein, dass diese Wolkenauflösung nur zufällig einmal stattgefunden hat.

Bild 11 – wieder zwei Minuten später – zeigt, wie die Wolkenfahrt ungehindert weitergeht und die Wolken sich weiterhin in den Vordergrund nach links schieben. Nach weiteren zwei Minuten lässt die vorderste dieser Wolken – links oben auf Bild 12 – erkennen, dass wiederum Wolkenauflösung einsetzt. Dieses «Entstehen, Fahren und Wiederauflösen» war in der nächsten Stunde weiterhin ununterbrochen zu beobachten; nicht nur an dieser Stelle des Himmels, sondern rund um den Beobachter herum war festzustellen, dass die Wolken nach einer Lebensdauer von höchstens 50 Minuten sich alle wieder auflösten.

Als 2. Ergebnis stellen wir fest: Eine stetige Wolkenauflösung bedingt stets schönes Wetter, und es wird sicherlich an diesem Tag nicht zum Niederschlag kommen.

9

10

11

12

13
15

4. Ein Wolkenturm entsteht

Bild 13 zeigt wieder eine Wolke von der Art, wie sie uns nun schon bekannt ist. Sie ist ungefähr 30 Minuten alt, und wir dürfen gespannt sein, wie sie sich weiterentwickeln wird. Die Bilder sind im Abstand von jeweils zwei Minuten aufgenommen und zeigen einen Höhenwind, der die Wolke von der Bildmitte nach rechts führt.

Bild 14 zeigt, dass diese Wolke, anders als jene der vorhergehenden Serie, ernsthaft etwas vorhat: Sie quillt in die Höhe und beginnt wie ein Turm nach oben zu steigen. Das sind die Wolken, die sich die Segelflieger wünschen. Und nur so könnte später ein Gewitter entstehen, wenn die Wolken sich in dieser Weise vergrößern und nach oben entwickeln. Wolkentürme sind stets Alarmzeichen, die uns anzeigen, dass jetzt die Möglichkeit zu weiterer Entwicklung gegeben ist. Ob sie anhält, muss die Beobachtung ergeben. Damit ist keineswegs gesagt, dass die Wolke auf Bild 14 schon eine Gewitterwolke ist. Sie ist einwandfrei noch eine Schönwetterwolke – aber sie könnte zur Gewitterwolke werden, sofern nicht ein Ereignis einträte, wie es auf Bild 15 sichtbar wird.

Noch ist die turmartige Form der Wolke deutlich; aber während die Wolke doch vorher noch rund und kräftig war, wird sie schwächer und schwindet zusehends. Man hat den Eindruck, als ob der Nachschub fehlen und der Wolke im wahrsten Sinne des Wortes der Dampf ausgehen würde. Bild 16 zeigt den Verfall und die Auflösung des Wolkenturmes noch deutlicher.

Als 3. Ergebnis verzeichnen wir somit: Wolkentürme erheischen unsere besondere Aufmerksamkeit. Lösen sich diese Türme aber immer wieder auf, dann bleibt es schönes Wetter.

5. Das Spiel der Wolken

Das Wolkenbild in der Serie 17 bis 20 erinnert deutlich an die Aufnahmen im Kapitel zuvor. Der zeitliche Abstand der Aufnahmen beträgt diesmal drei Minuten. Wieder quellen – hier schon ganz beachtliche – Wolken in ihrer Entwicklung nach oben. Man ist hier – siehe Bild 17 und 18 – schon eher geneigt, an ein kommendes Gewitter zu denken, aber wieder hält die Entwicklung nicht an: Die Wolken sacken zusammen und lösen sich wieder auf, wie Bild 19 und 20 zeigen. Das Ergebnis ist somit das gleiche wie in Kapitel 4.

Die Wolken in den Bildern 17 bis 20 haben aber gegenüber jenen in den vorherigen Kapiteln sichtlich an Größe zugenommen; sie zeigen auch wesentlich dunklere Schattierungen. Wir dürfen nun nicht in den Fehler verfallen, die Wolken etwa so einzuteilen: «Weiße Wolken sind Schönwetterwolken – graue Wolken oder Wolken mit dunklen Schatten sind Regenwolken.» Wenn eine Wolke größer wird, geballter und gebauschter, kann das Licht der Sonne nicht mehr so durchscheinen wie bei einer kleinen Wolke, und so muss am unteren Rand ein dunkler Schatten entstehen. Es kommt auch jeweils darauf an, wie der Beschauer zur Wolke und zur Sonne steht. Die Regen- oder Gewitterwolke ist keineswegs nur an ihrer Größe, Dicke oder Schattierung zu erkennen, sondern an einem ganz anderen Umstand, der uns in Kürze begegnen wird.

Wenn wir bei dieser Gelegenheit noch einmal rasch zurückblättern und die Wolken der Kapitel 1 bis 5 genauer betrachten, so werden wir erkennen, dass sie alle – abgesehen von kleinen Windeinflüssen – einen scharf abgegrenzten Rand aufweisen, vor allem oben an den Wolkentürmen. Alle diese Wolken heben sich also deutlich gegen den blauen Himmel ab und sind leicht nachzeichenbar.

Wir können somit als 4. Ergebnis festhalten: Wolken, die einen scharfen Rand haben, sind Schönwetterwolken, allerdings wieder mit der entscheidenden Einschränkung: sofern sie diesen scharfen Rand behalten!

18
20

21

22

23

24

6. Wolkentürme werden umgeblasen

In den Bildern 21 und 23 haben wir wieder ganz vertraute Wolken vor uns. In der linken Hälfte über dem Baum bei Bild 21 ein kleineres Wolkentürmchen, im Bild 23 mächtige Wolkentürme. Der Rand der Wolken ist deutlich scharf und abgegrenzt. Die Wolken auf Bild 23 sind ballig und gebauscht; man hat den Eindruck, als ob es bis zum kommenden Gewitter nicht mehr weit wäre. Aber weder die Wolken auf Bild 21 noch die Wolken auf Bild 23 haben Niederschlag oder Gewitter gebracht.

Wir sehen wieder: Nicht die Größe der Wolken oder ihre dunklen Schatten sind entscheidend, sondern das, was die Wolken erreichen. Wir haben unser Augenmerk im Besonderen auf diese Wolkentürme gerichtet. Aber was geschieht mit ihnen? Wir sehen es in den Bildern 22 und 24: Sie werden nach rechts umgedrückt, wie von unsichtbarer Hand umgeworfen. Es muss also in diesen Höhen – bei den Bildern 23 und 24 in ungefähr 2000 bis 2500 Metern – ein beachtlicher Wind gehen, der die Entwicklung der Wolkentürme in der Senkrechten stört und damit verhindert, dass die Wolke zu einem Gewitter werden kann. Die zweiten Aufnahmen sind jeweils zwei Minuten nach den ersten entstanden.

Als 5. Ergebnis stellen wir deshalb fest: Wolkentürme können noch so gewaltig sein – wenn sie in ihrer Entfaltung nach oben gestört werden und eine bestimmte Höhe, die uns noch beschäftigen wird, nicht erreichen, dann bleibt es schönes Wetter, und es kommt nicht zum Niederschlag.

Alle Wolken haben natürlich in der Meteorologie genaue Bezeichnungen. Wir wollen uns aber zunächst der Einfachheit halber nur den Sammelnamen für alle Wolken merken, die wir bis jetzt besprochen haben: Es sind *Haufenwolken*, eine Bezeichnung, die der Form auch sehr gut entspricht, meist auch als *Quellwolken* bezeichnet.

Alle Ergebnisse kurz zusammengefasst: Mit bleibendem Schönwetter am Beobachtungstag kann gerechnet werden, wenn Haufenwolken flach werden oder sich auflösen oder umgeblasen werden.

7. Das Gewitter kommt

Die Bildfolge 25 bis 32 zeigt zunächst im Bild 25 wieder eine uns nun schon ganz bekannte Haufenwolke: quellend und turmartig nach oben steigend, ungefähr zwei Stunden alt. Wir wenden das bis jetzt Beobachtete an und stellen fest: Die Wolke zeigt kein Abflachen, kein Auflösen und auch kein Umwerfen der Türme. Ungehindert geht diesmal die Entwicklung nach oben. Alle unsere Schönwetterergebnisse der vorhergehenden Kapitel treffen nicht mehr zu, und der rechte Kopf der Wolke im Bild 25 zeigt nun etwas Neues: Die Wolke verliert an dieser Stelle ihren scharfen Schönwetterrand und beginnt zu rauchen. Die Bilder 26 bis 28 – jeweils im Zeitabstand von drei Minuten aufgenommen – lassen erkennen, wie der obere Rand der doppelköpfigen Wolke systematisch verschwimmt. Jetzt muss irgendetwas in dieser Wolke anders geworden sein!

Der Unterschied im Wesen der Wolke zwischen Bild 28 und fünf Minuten später ab Bild 29 ist unverkennbar. Die Wolke hat ihren scharf geränderten Zustand restlos verloren und sieht in den Bildern 30 bis 32 wie ein großer verschwommener Amboss aus. Strahlenartig hat die Wolke sich ausgebreitet. Eine halbe Stunde nach der Aufnahme von Bild 32 kam es über dem Raum, wo die Wolke stand, zu einem Gewitter mit kurzem Regenschauer. Wir müssen also bei einer solchen Entwicklung dazu beobachten, ob die Wolke auf uns zukommt oder an uns vorüberzieht. Eine Ausweitung findet aber auf alle Fälle statt. Zeitlicher Abstand der Bilder 29 bis 32: jeweils drei Minuten.

Als 6. Ergebnis stellen wir fest: Die Voraussetzung zum Niederschlag aus einer Haufenwolke ist die von der Höhe abhängige Formänderung, wie sie in der Bildfolge 25 bis 32 dargestellt ist.

25
26
27
28

29

30

Das Wetter schlägt um

8. Warme Luft aus Westsüdwest

In Kapitel 7 haben wir erkannt, dass es aus den Haufenwolken erst dann zum Gewitter und zum Niederschlag – vielleicht sogar in Form von Hagel – kommt, wenn die quellende, scharf geränderte Form in eine fächer- und rauchartige Form übergeht. Es sind also nicht die dicken und schwarzen Wolken, die den Niederschlag auslösen, sondern ebendiese feingliedrigen, weißlichen und meist so harmlos aussehenden höheren Wolken. Wir erleben nun im Folgenden Wetterumbildungen, die großräumiger und zeitlich nachhaltiger sind: das, was man im Volksmund als Wetterumschlag bezeichnet. Dieser Prozess dauert mindestens einen, meist aber zwei bis drei Tage, sodass also bestimmt nicht von Plötzlichkeit gesprochen werden kann. Eine solche Wetterveränderung wird daher nicht nur (vgl. Kapitel 7) an einem bestimmten Ort einen relativ kurzen Niederschlag bringen, sondern vielleicht über ganz Deutschland in einer Breite von ca. 1000 Kilometern zu länger anhaltendem Regen führen. Vor allem, wenn wir den nun folgenden Wolkenaufzug aus Westen oder Südwesten beobachten, werden wir einer Wetterveränderung nicht entrinnen können.

Bei Bild 33 sind wir noch mittendrin im schönen Wetter. Die Sonne scheint, und der Tau am Morgen ließ erwarten, dass es schön bleiben wird. Mag das auch für diesen Tag zutreffen, so müssen wir mit einer Voraussage für die nächsten Tage sehr vorsichtig sein; die feinen Wolken auf allen Bildern zeigen deutlich, dass sie der Beginn eines nachhaltigen Wolkenaufzuges sind.

Man wird an einem solchen Tag bald bemerken, dass immer wieder wie in Bild 34 solche «Federwolken» über den Himmel ziehen, oft auch als *Schleierwolken* bezeichnet. Wenn auch die Bewegung relativ langsam erfolgt, so muss doch die Geschwindigkeit sehr groß sein, wenn wir hören, dass diese Wolken sich in sechs bis acht Kilometer Höhe befinden. Diese Federn, Häkchen und Krallen, so weiß und harmlos sie auch aussehen – sie sind die untrüglichen Vorboten einer Eintrübung am nächsten, spätestens übernächsten Tag.

Wenn dann der ganze Himmel wie in den Bildern 35 und 36 mit solchen Geleisen überzogen ist, dann ist der Verlauf der weiteren Entwicklung eindeutig. Oft scheint es dabei, als ob die Geleise an zwei gegenüberliegenden Punkten am Horizont zusammenliefen. Es ist dies aber nur eine perspektivische Täuschung – in Wirklichkeit stehen die Wolken parallel nebeneinander. Beim aufmerksamen Beobachten werden wir erkennen, dass die Wolken in sich selbst laufen, d. h., so, wie die Striche stehen, so verläuft auch die Zugrichtung.

Der ungeübte Betrachter würde eher nicht vermuten, dass bei einer solchen Wetterlage, die doch Sonnenschein und nur feine weiße Wolken zeigt, mit einem baldigen Ende des schönen Wetters zu rechnen sein soll. Aber gerade die systematische Wolkenanordnung und die Schönheit dieser ausgeprägten Formen deuten darauf hin. Und wir dürfen den vielleicht merkwürdigen Satz aussprechen: Je schöner und je gleichmäßiger die Wolken, desto «schlechter» das Wetter in den folgenden Tagen. Die Formen dieses Aufzuges können sehr verschieden sein: Manchmal einzelne Wolken, manchmal zusammenfließende Schichten und manchmal bizarre Formen – man vergleiche die Bilder 33 bis 38!

Die weitere Gestaltung dieser Wetterlage ist wirklich eines Studiums wert. Bisweilen – vor allem wenn die Bewölkung mehr aus südlichen Richtungen auf uns zukommt – sieht man, wie die feinen Striche und Bänder beginnen, in kleine, ja sogar manchmal wie im Bild 39 in ganz winzig kleine Bällchen zu zerfallen. Es wäre aber ein Trugschluss, nun zu folgern, dass dieser Wolkenzerfall einer Auflösung gleichkommt, wie wir sie in den ersten Kapiteln beobachtet haben. Diese Wolkenbällchen werden manchmal wie in den Bildern 40 und 41 größer, manchmal lösen sie sich auch wieder auf, und trotzdem ist es dann nur eine vorübergehende Verzögerung der gesamten Entwicklung. Bald werden wir bemerken, dass wieder neue federige Wolkengebilde am Himmel stehen, wieder

34
36
38

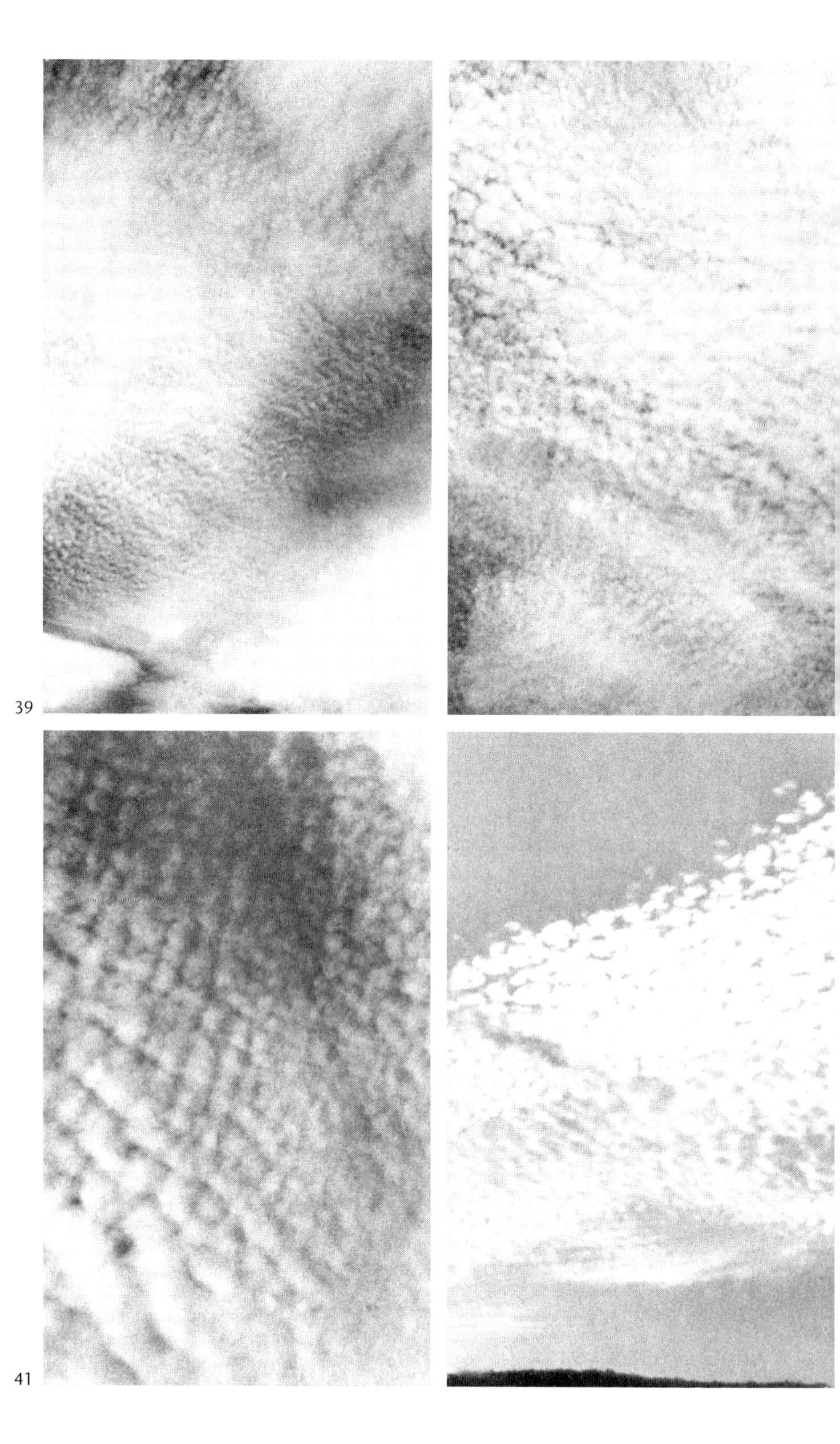

39

41

kleinere oder größere «Schäfchen» daraus hervorgehen und oft in einzelnen Feldern über den Himmel ziehen. Daraus folgt, dass dieser Zerfall wohl eine Verzögerung der weiteren Wetterveränderung mit sich bringt, aber niemals das ursprüngliche Schönwetter wiederherstellt.

Steht der Mond um die Vollmondszeit hinter dieser Bewölkung, so umgibt er sich mit prächtigen Farben, und wir deuten zu Recht diesen «Mondhof», der uns noch im Kapitel 23 beschäftigen wird, als Regenvorboten.

Bald erscheinen die Wolken in kurzen oder langen, dicken oder dünnen Wellen. Häufig kommen diese Wellen in Schichten und Feldern und hören auch manchmal unvermittelt wieder auf – um nach kurzer Zeit neu zu erscheinen. In allen Varianten schieben sich diese Wolken über den Himmel, und es ist leicht zu erkennen, dass diese Bewölkung jetzt nicht mehr so hoch zieht, nämlich in drei bis vier Kilometer Höhe. Links oben in Bild 42 breitet sich über den scheinbar wolkenlosen Himmelsteil ein ganz dünner Schleier, dann erst kommt der ins Auge springende Wellenaufmarsch, während den Horizont nun schon eine geschlossene dunkle Wolkenschicht abschließt.

Der eben besprochene feine Wolkenschleier soll uns noch im Besonderen beschäftigen, denn bei einer solchen Entwicklung müssen nicht immer solche Bälle und Wellen entstehen. Sehr häufig gehen die feinen Federwolken direkt in eine – wenn auch kaum bemerkbare – feine, weißliche und geschlossene Wolkenschicht über. Das heißt, die Sonne scheint weiter, und der aufmerksame Beobachter bemerkt lediglich, dass es etwas trüb wird – so wie wenn es dunstig wäre, aber nicht am Boden, sondern in der Höhe.

Blicken wir zur Sonne auf, so werden wir bei einer solchen Wetterlage weit um die Sonne einen großen, meist weißlichen Kreis erkennen, den wir besonders gut beobachten können, wenn wir uns so stellen, dass die Sonne durch ein Hausdach oder einen Baum verdeckt ist und uns also nicht blenden kann. Dieser Kreis gehört zu den so genannten Halo-Erscheinungen – siehe die Bilder 43 und 44 –, die wir im Kapitel 23 noch ausführlich besprechen werden. Um die Zeit des Vollmondes können wir auch um den Mond einen solchen Kreis beobachten – er ist aber nicht mit einem Mondhof zu verwechseln. Ein Halo zeigt uns, dass wir es wirklich mit einer wenn auch feinen, so doch geschlossenen Bewölkung in ungefähr sechs bis acht Kilometer Höhe zu tun haben. Somit dürfen wir auch diese Erscheinung als Anzeichen für einen Wetterumschlag werten, sofern der gesamte Wolkenaufzug aus südlicher oder westlicher Richtung über uns hinwegzieht.

Wieder vergehen einige Stunden – vielleicht sogar noch ein halber Tag –, und der Wolkenschleier wird dichter. Noch erscheint er weiß, noch steht die Sonne fast ungetrübt am Himmel, und die Gegenstände zeichnen deutliche Schatten. Wieder einige Zeit später geht der Himmel allmählich in ein leichtes Grau über, die Sonne wird merklich schwächer, und die Schatten am Boden verschwimmen.

Wer bis zu diesem Augenblick nicht beobachtet hat, dem ist jetzt eine ein- bis zweitägige Vorankündigung der neuen Wetterlage vollständig entgangen. Nun aber ist eine Veränderung zu bemerken, denn die ganze Landschaft erscheint grau in grau, die Sonne verblasst und ist wie in Bild 45 gerade noch erkennbar. *Alle flächenmäßigen Wolken – dünne oder dichte – bezeichnen wir mit dem Namen Schichtwolken.* Bald danach haben wir in Bild 46 eine wesentlich dunklere und tiefere Bewölkung. Jetzt ist es eindeutig, dass das Schönwetter vorbei ist.

Die dunkle Bewölkung scheint allmählich von oben auf uns herunterzukommen. Kein Zweifel: diese grauschichtige, geschlossene Bewölkung hat höchstens noch eine Höhe von anderthalb bis zwei Kilometern. Immer dichter wird nun die Bewölkung – immer dunkler die Szenerie. Und wir beobachten, dass die Sicht am Boden deutlich besser wird und die bekannten, «verräterischen» guten Fernsichten entstehen.

Bald erscheinen die Vorsignale des Niederschlags: Unter der geschlossenen Wolkenschicht sind unregelmäßige Fetzen, zuerst klein wie auf Bild 47, dann größer wie auf Bild 48 zu bemerken. Meist sind sie dunkel, sie können aber je nach Beleuchtung auch eigenartig hell erscheinen. Ein jeder, der sich vom Regen nicht überraschen lassen möchte, sei jetzt gewarnt; denn diese Fetzen zeigen untrüglich an, dass es vielleicht schon in wenigen Minuten, spätestens aber in 15 bis 20 Minuten regnen wird.

Meist kommt um diese Zeit ein leichter Wind auf, während bis dahin – abgesehen von örtlichen kleinen Luftbewegungen – kein nennenswerter Wind während der ganzen Entwicklung zu bemerken war. Allmählich

43

44

45

46

47

48

49

50

wird der Raum unter der geschlossenen hellgrauen Schicht mit dickerem und meist dunklerem Gewölke immer mehr ausgefüllt, und dann fallen die ersten Tropfen.

Bei dieser Wetterumbildung beginnt der Niederschlag meist sehr verhalten, oft nur einige Tropfen – Bild 49 – oder etwas Regen wenige Minuten lang, um dann wieder – meist aber nur kurz – auszusetzen. Diese kleine Pause ist wirklich das letzte Alarmzeichen, denn dann setzt endgültig gleichmäßiger Regen ein – siehe Bild 50 –, der unter Umständen zum Landregen werden kann.

Wer zu Hause ein Barometer hat und es bei einer solchen Wetterlage aufmerksam beobachtet, wird feststellen, dass der Zeiger stetig nach links rückt: der Luftdruck fällt. Es ist durchaus möglich, dass bei der eben geschilderten Wetterentwicklung der Zeiger unseres Barometers in zwei bis drei Tagen sich um 10 bis 20 Striche nach links verschieben kann.

9. Kalte Luft aus Nordnordwest

Wir lernen nun noch eine andere Art eines Wetterumschlages kennen; nicht langsam, mit tagelanger Wolkenvorbereitung, ruhigem Niederschlag und geringen Winden, sondern schneller und mit kräftigeren Wettererscheinungen, mit Gewitter und schauerartigem Regen, mit Sturm und fühlbarem Temperaturrückgang.

Wenn auch der Wolkenaufbau hier wesentlich schneller als im Kapitel vorher erfolgt, so ist auch dieser Wetterumschlag mindestens einige Stunden zuvor sicher zu bemerken. Im Sommer ist es heiß und schwül und die Sicht verdächtig klar. Wie im Kapitel 8 beginnen die Wolken zunächst in großen Höhen mit den uns bekannten Fasern und Federn, jedoch wesentlich schneller – oft in Büscheln –, über den Himmel zu ziehen.

Bild 51 zeigt eine sehr leichte Entwicklung dieser Art: Wir sehen in der Höhe unsere kritischen Federwolken und darunter Haufenbewölkung, an der wir aber eine deutlich gedrehte Form erkennen. Man sieht den Wolken buchstäblich die Bewegung an.

Meist aber kommt die Entwicklung viel kräftiger: Im Westen oder Nordwesten wird es dann zusehends dunkel, und über den ganzen Horizont baut sich auf einer Front (Bild 52) eine Reihe von Türmen auf (und also nicht wie in Kapitel 7 einzelne Türme, die auf ein örtliches Wettergeschehen schließen lassen). Es handelt sich, ähnlich wie im letzten Kapitel, aber viel rascher und stürmischer, um ein Großwetter, das in einer Breite von rund 1000 Kilometern über ganz Europa hinwegzieht. Diese Entwicklung ist ebenfalls an keine Tageszeit gebunden; wir werden nur bemerken, dass sie in den Mittagsstunden besonders stürmisch verläuft.

Noch ist es fast windstill, aber immer mehr bedeckt sich der Himmel mit den hohen weißen Schichten, die Sonne wird verdunkelt und damit die ganze Szenerie wesentlich drohender. Bald bauschen sich die Türme immer kräftiger auf, und über der gesamten Wolkenentwicklung steht in der Richtung, aus der das Wetter kommt, ein gewaltiger Wolkenschirm. Die weitere Entwicklung geht dann sehr rasch: Am Horizont ist deutlich ein hellgrauer Streifen unter einem dunkleren, zerfetzten Kragen zu er-

51

52

53

54

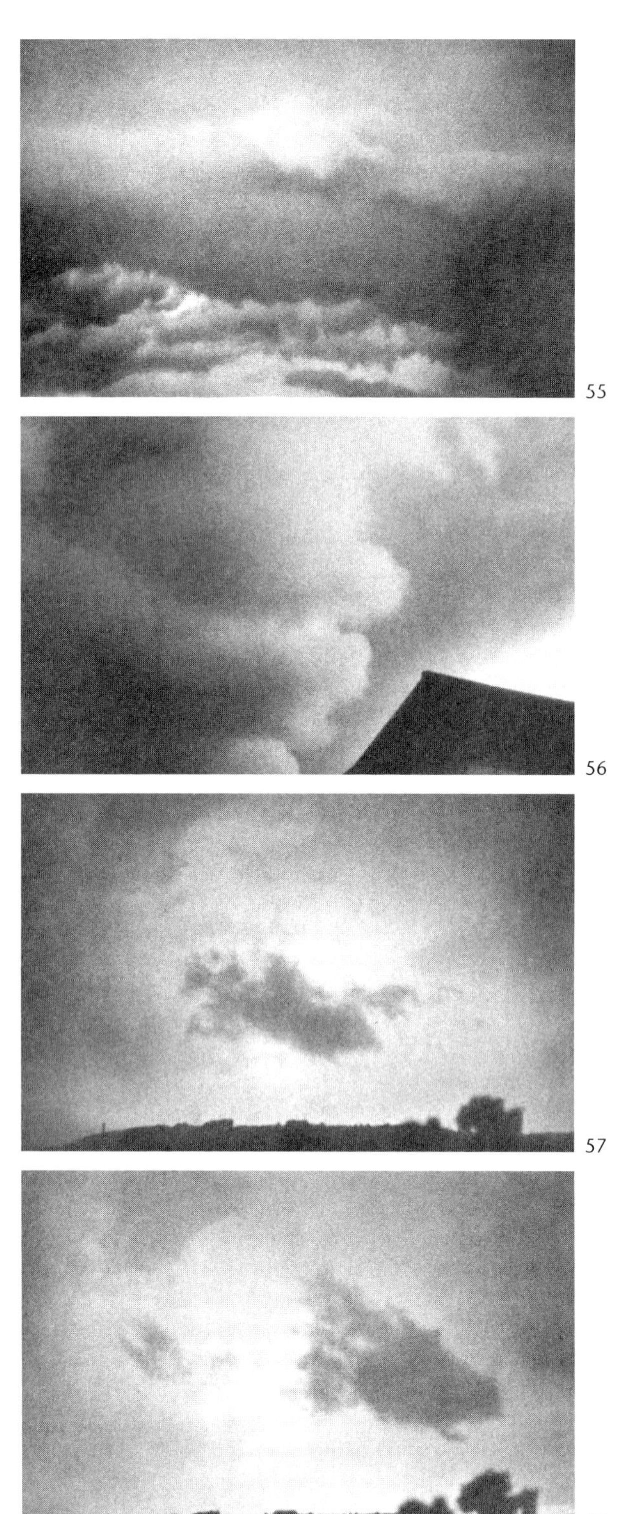

55

56

57

58

kennen, während darüber die Bewölkung immer chaotischer wird. Nach einer verräterischen Windstille setzen kräftige Böen ein, und der immer stärker werdende Wind wechselt seine Richtung oft schlagartig von Westen auf Nordwesten. Mit einer gewaltigen Wolkenwalze, mit Blitz und Donner und meist platzartig einsetzendem Regen schiebt sich nun das Wettergeschehen über uns hinweg. Es entstehen Motive, wie wir sie in den Bildern 55 und 56 festgehalten haben.

Die Wolken hängen dann sehr tief und reichen bis in die höchsten Höhen, sodass das Sonnenlicht fast überhaupt nicht mehr durchkommt und am «hellen Tag» ganz dunkle Szenerien entstehen. Meist bemerken wir auch schnell dahinziehende Fetzen wie auf den Bildern 57 und 58, die einen zeitlichen Abstand von nur einer Sekunde aufweisen.

Meist geschieht die Wetterumbildung gestaffelt; nach einem ersten Durchzug und vielleicht kurzfristiger Aufklarung erfolgt der zweite Einbruch. Markant sind dabei die walzenartigen Wolkenformen, die meist sehr schnell immer wieder zum Niederschlag führen. Wir sehen dies auf Bild 53 und fünf Minuten später auf Bild 54.

Im Laufe des nächsten Tages klingt dieses Wettergeschehen dann ab: Die Schauer werden seltener und die Zwischenaufhellungen länger – hier gilt nochmals Bild 51. Den endgültigen Abschluss erkennen wir daran, dass der Himmel uns nur noch einzelne Haufenwolken zeigt und in der Höhe keinerlei Federgewölke mehr wahrnehmbar sind.

Meist werden wir dann wieder eine sehr gute Fernsicht feststellen können. Der Niederschlag hat die Luft gereinigt, sodass eine klare Sicht entstehen muss. Sie ist also hier ein Schönwetterzeichen.

10. Urlaubswetter in den Bergen

Wer in den Urlaub fährt, möchte schönes Wetter haben, und wer den Urlaub in den Alpen verbringt, möchte auch Bergtouren unternehmen. Gut, wenn man dann ein wenig über das Wetter weiß. Berg- und wetterunerfahrene Touristen können sich oft nicht vorstellen, wie im Laufe eines zunächst wolkenlosen Tages – vielleicht sogar in wenigen Stunden – das Wetter sich ändern kann. Wir erleben in den folgenden Bildern in den Allgäuer Bergen rund um Oberstdorf zwei Tage, die jedem Bergwanderer einen Eindruck davon verschaffen können.

Eben an einem solchen schönen Tag schiebt sich aus dem morgendlichen Dunst – siehe Bild 59 – drüben am Nebelhorn ein degenartiges Wolkengebilde von links nach rechts, d. h. vom freien Land in die Berge vor, genau genommen von Nordwesten nach Südosten. Die Wolke – wir sehen sie in Bild 60 eine halbe Stunde später – sieht so harmlos aus, dass man es kaum glauben möchte, wenn jetzt ein Wetterkundiger warnt, eine große Bergfahrt zu unternehmen, oder wenn er rät, feste Schuhe anzuziehen und einen guten Wetterschutz mitzunehmen. Hier erleben wir, dass der so genannte Schönwetterdunst, der noch in den Tälern lagert, uns fälschlicherweise für den ganzen Tag Schönwetter verspricht.

Noch zeigt sich der Vormittag mit strahlend blauem Himmel, aber immer höher zieht der Wolkendegen. Auch an anderen Bergen beginnt er sich zu entwickeln und um die Gipfel zu legen – siehe Bild 61. Wieder einige Zeit später, es ist beinahe Mittag geworden, haben die Wolken die Gipfel bedeckt und vollständig eingehüllt – vergleiche Bild 62.

Vielleicht haben wir in den Bergen schon einmal erlebt, dass wir morgens bei geschlossener Bewölkung aufwachen, die sich im Laufe des Tages auflöst. Wir haben dabei beobachtet, dass diese Auflösung stets zuerst über den Tälern stattfindet. Die übrige Bewölkung verbleibt dann zunächst an den Bergen, und alle Gipfel tragen solche Hauben, wie wir sie eben in Bild 62 kennen gelernt haben.

Wir haben dann weiter bemerkt, wie auch diese Wolkenhauben sich im Laufe des Nachmittags oder sogar erst am anderen Tag langsam auflösten und wolkenlosem schönem Wetter Platz machten. Es ergibt sich also, dass diese Wolkenhauben und -kappen über den Berggipfeln ein-

59

60

61

62

63

64

65

66

mal Schönwetter und ein andermal Regenwetter ankündigen. Wieder ein typisches Beispiel dafür, dass aus der Wolkenform allein keine Wetterprognose zu stellen ist, wenn man die vorhergehende Entwicklung nicht beobachtet hat. Wenn wir bemerken, dass sich die Wolken von unten her den Berg hinaufschieben, dann heißt dies einwandfrei Wetterumschlag, so wie wir es im Folgenden kennen lernen werden. Die Erfahrung zeigt dabei stets, dass die Wetterentwicklung in den Bergen schneller und nachhaltiger geschieht als im flachen Land.

Die Stunden nach Mittag am ersten unserer beiden Beobachtungstage bringen nun vollständige Eintrübung. Es kommt zunächst geschlossene, hohe und schleierartige Bewölkung auf, und die Sonne wird trüb. Dann verschwindet der Dunst aus den Tälern, die Vorberge erscheinen in völlig klarer Sicht nahe gerückt, und die höheren Berge ziehen voll «Nebel». Die Bilder 63 und 64 – gegen 14 Uhr aufgenommen – zeigen die schon aus dem vorigen Kapitel bekannten dunklen Walzen, die nun gegen die Berge anlaufen.

Nun geht es rasch: Wind kommt auf, der Himmel schließt sich auch in den unteren Schichten vollständig, und die Szenerie – es ist ja erst Nachmittag – wird fast stockdunkel. Gleich darauf beginnen Wolkenfetzen in knapp 50 bis 100 Meter Höhe über das Tal hinwegzufegen. Die Bilder 65 und 66 zeigen den eigentlichen Wettereinbruch gegen 15.30 Uhr, eben an diesem Tag, der morgens so schön und vielversprechend begonnen hat. Stundenlang rollt nun der Donner, und beachtliche Wassermassen gehen über Berg und Tal nieder.

Nachdem sich in der Nacht das Wetter etwas beruhigt hatte, stieg ich am Morgen des zweiten Tages immer noch bei geschlossener Bewölkung – aber ohne Niederschlag – über Einödsbach zum Waltenberger Haus (2000 m) auf. Der Vormittag bot die Bilder 67 und 68: Wolkenfetzen ziehen an den Bergen hoch und kündigen dem Bergerfahrenen weiteren Niederschlag an. Ein Hellerwerden zwischen den tiefen, dunklen Wolken über den Schafalpenköpfen im Westen ist verräterisch; es darf nicht als Schönwetterzeichen angesehen werden. Denn dies ist ja kein blauer Himmel, sondern die weißliche Schicht in den oberen Höhen, die wir bei all diesen Wetterumschlägen als charakteristisch für den folgenden Niederschlag erkannt haben. Es wäre also falsch, aus der Regenpause und aus der stellenweise lichteren Bewölkung auf niederschlagsfreies Wetter zu schließen.

Der Nachmittag des zweiten Tages brachte dann auch den zweiten Akt dieses Wettergeschehens, der dem ersten in nichts nachstand. Das Bild 69 entstand ungefähr um 17 Uhr kurz vor dem wieder einsetzenden Niederschlag. Man sieht über dem Stillachtal schon wieder ein Gewitter in voller Aktion, wobei wiederum diese typisch kleinen Fetzen auftreten, die uns nun schon wiederholt begegnet sind. Hier sind sie zur Abwechslung einmal ganz unnatürlich weiß. Es ist also gleichgültig, ob solche Fetzen, die unter einer geschlossenen Wolkendecke dahinziehen, heller oder dunkler sind: sie sind stets das Vorzeichen des in Kürze einsetzenden Niederschlags. Ja, man kann sogar sagen: je krasser die Farbkontraste, desto nachhaltiger sind Gewitter und Niederschlag.

Bis in die Nacht hinein tobten wieder die Elemente mit starken Niederschlägen und elektrischen Entladungen, und erst am Morgen des dritten Tages beruhigten sie sich. Bild 70 ist fast vom gleichen Standpunkt wie Bild 69 aufgenommen und zeigt nun wieder blauen Himmel und die restlichen Wolken. Wir sehen den Himmel wieder frei von Federwolken und weißen hohen Schichten; allein einzelne Haufenwolken sind noch vorhanden, die aber nur leicht aufquellen. Systematisch löste sich dann die Bewölkung an diesem Tag vollends auf.

67

68

69

70

Die kleinen Dinge

11. Wenn unser Weinglas sich beschlägt

Wo beginnt die Wetterkunde? Für uns bei einem Glase Weißwein, weil dieser im Gegensatz zum Rotwein am besten kühl genossen wird. Kaum ist der Wein kredenzt, wird der Kenner mit lässiger Fingerbewegung am Weinglas außen entlangstreichen, um festzustellen, ob das Glas sich beschlägt. Er weiß: Wenn das Glas sich nicht beschlägt, ist der Wein nicht kühl genug. Zweifellos war vor dem Einschenken das Glas innen und außen trocken, und kurze Zeit danach – sofern eben der Wein genügend kalt ist – beschlägt sich das Glas außen mit winzig kleinen Wassertröpfchen. Obwohl das Glas trocken war, wird es kurz nach dem Einschenken außen nass. Diese Feuchte muss also irgendwie aus der Luft gekommen sein. Fast erscheint es wie Hexerei; aber den umgekehrten Vorgang, dass nämlich Wasser in die Luft verschwindet, kennen wir doch!

Wenn wir in einem geheizten Zimmer die Luft als zu trocken empfinden, stellen wir einen Behälter mit Wasser auf, und, siehe da, nach einiger Zeit ist das Wasser verschwunden. Wir ahnen also den Zusammenhang: Durch Erwärmen verdunstet das Wasser, und durch Abkühlen – siehe Weinglas – kommt es wieder. Das Wasser hat somit als Gas einen für uns unsichtbaren Weg durch die Luft eingeschlagen. In unserem Beispiel hat der kalte Wein von innen her das Glas abgekühlt, und dieses wiederum kühlt die umgebende Luft ab. Dieses Wiederkommen des Wassers aus seinem gasförmigen und unsichtbaren Zustand in der Luft kennen wir aus vielen anderen Beobachtungen unseres täglichen Lebens, zum Beispiel wenn sich die Fenster in der Eisenbahn oder im Auto beschlagen. Auch jeder Brillenträger kennt den Vorgang gut.

Im Sommer, wenn zwischen drinnen und draußen nur geringe Temperaturunterschiede vorhanden sind, gibt es diesen Beschlag kaum; bei starken Temperaturgegensätzen aber tritt er sehr rasch auf, im Winter zum Beispiel oder auch in Übergangsjahreszeiten. Der Vorgang spielt sich dann wie folgt ab: Wir steigen in das ungeheizte Auto ein, und die Fenster sind klar und trocken; dann stellen wir die Heizung an und fahren ab. Kurz danach sitzen Tausende, winzig kleine Wassertröpfchen an den Scheiben – wohlgemerkt aber nicht außen, wo es kalt ist, sondern innen, wo wir warm gemacht haben. Die Fenster werden beim Fahren von außen kalt und kühlen in ihrer Nähe die Luft innen so weit ab, bis diese ihre Feuchte absetzt. In einem überheizten und gut besetzten Eisenbahnwagen läuft im Winter buchstäblich das Wasser an den Scheiben herunter; es hat sich aus der Wagenluft heraus durch Abkühlung an den Fensterscheiben innen als Beschlag angesetzt.

Wenn die Luft warm bleibt, ist sie «stark» genug, dieses unsichtbare, gasförmige Wasser in sich zu speichern; wird sie aber abgekühlt, anscheinend «geschwächt», dann erleben wir diesen Ausfallprozess bzw. das, was wir als Beschlag bezeichnen. Wir können uns diesen Vorgang in einem Vergleich ungefähr so vorstellen: Wenn wir mit warmen Händen einen Koffer tragen, so können wir dies über längere Zeit. Je wärmer also unsere Hände, desto größer unsere Fähigkeit zum Koffertragen – je wärmer die Luft, umso mehr verdunstetes Wasser kann sie in sich tragen. Wenn unsere Hände aber kalt werden, entgleitet uns der Koffer aus den klammen und geschwächten Fingern – genauso der Luft das Wasser, wenn sie geschwächt, das heißt abgekühlt wird.

Entgehen wir dieser Begriffsverwirrung, sprechen wir lieber von «Wassergas». Wenn es durch Abkühlen wieder sichtbar wird, ist es wieder flüssiges Wasser, nun aber in Form von vielen sehr kleinen Tröpfchen, die sich am Weinglas, am Fenster oder sonst wo festsetzen. Ist viel davon in der Luft und hat «es» sich noch nirgendwo festgesetzt, dann bemerken wir, dass die Luft dunstig und die Fernsicht beeinträchtigt wird. Dunst kann aber auch durch Staub und andere Verunreinigungen der Luft entstehen.

12. Tau und Reif

Die Flüssigkeit an dem beschlagenen Weinglas kommt also aus der Luft. Wir werden nun sehen, wie solche Abkühlungsvorgänge als Wettermacher wirken. Wir gehen an einem Abend durch Gras und stellen fest, dass es nass ist, ohne dass es geregnet hat. Auch hier ist es lediglich die Abkühlung, die das Gras nass gemacht hat, denn gegen Abend, wenn die Sonne untergeht und keine Erwärmung mehr erfolgt, kühlen der Erdboden und damit auch die dem Erdboden aufliegenden untersten Luftschichten aus. Es kommt also zur «Schwächung» dieser Luft, und damit fällt das in ihr unsichtbar enthaltene Wasser aus. So, wie im letzten Kapitel das Weinglas und die Fensterscheibe als Ansatzpunkt für das ausfallende Wasser gedient haben, so setzen sich hier die kleinen Wasserperlen an den Grashalmen fest.

Oft bemerken wir den abends am Boden entstandenen Beschlag erst am anderen Morgen, wenn die Sonnenstrahlen in die Tröpfchen hineinscheinen und von dort zurückkehrend in der ganzen Skala der Regenbogenfarben unser Auge treffen. Dann sprechen wir von Tau und den verschiedenfarbigen Tautröpfchen, wobei wir erkennen mögen, dass aus jedem Tautröpfchen auch jeder Farbstrahl der Regenbogenfarben herauskommt. Wir brauchen uns nur ein klein wenig hin- und herzubewegen und können dann das ganze Farbspiel an einem einzigen Tautröpfchen beobachten.

Es wird natürlich auch vorkommen, dass die Luft an einem Sommerabend sehr trocken ist und die Abkühlung dann nicht reicht, die Wiese nass zu machen; aber gegen Morgen kann es doch so kühl werden, dass sich Tautröpfchen bilden. Tautröpfchen sind also niemals Regentropfen, die in der Nacht gefallen sind, sondern sie entstehen immer infolge der Abkühlung bodennaher Luftschichten. Es kommt also stets auf die herrschenden Temperaturen und den Feuchtigkeitsgehalt der Luft an. Wer also vollständig den Zustand der Luft messen will, muss neben dem Thermometer auch ein Instrument haben, das die Feuchtigkeit bestimmt.

Dass die Luft verschieden feucht sein kann, fühlen wir auch sehr gut. Es kann im Sommer 30 Grad Celsius haben (aber, bitte, nur im Schatten messen!), und wir empfinden dies wohl als warm oder heiß, aber nicht als unangenehm, weil die Luft trocken ist. Als schwül bezeichnen wir den Zustand der Luft bei vielleicht nur 20 Grad Celsius, wenn sie eine hohe Feuchtigkeit aufweist, also viel verdunstetes Wasser in sich gespeichert hat.

Die zur Taubildung benötigte Abkühlung kann nur erfolgen, wenn die Nacht keine oder nur geringfügige Bewölkung bringt, denn nur dann kann die Erde ihre vom Tag her aufgespeicherte Wärme leicht wieder ausstrahlen und an der Oberfläche abkühlen. Wird diese Ausstrahlung in der Nacht durch eine geschlossene Bewölkung verhindert – die Erde hat sich damit einen wärmenden Schutzmantel zugelegt –, so kann sich kein Tau bilden.

Wer schon nachts im Freien war oder biwakiert hat, weiß sehr gut, wie die Temperatur vom Grad der Bewölkung abhängt. Wenn wir also morgens Tau beobachten, so kann dieser nur entstanden sein, wenn nachts keine oder fast keine Bewölkung da war, und dies ist zunächst ein Zeichen von Schönwetter. Beobachten wir morgens keinen Tau, so werden wir sicherlich gleichzeitig Bewölkung feststellen. Und da diese, um Taubildung verhindern zu können, schon die ganze Nacht bestanden haben muss, entspricht sie wahrscheinlich einem Wolkenaufzug, wie wir ihn in Kapitel 8 kennen gelernt haben. Dass kein Tau entstanden ist, kann als Regenanzeichen gewertet werden. Im Großen und Ganzen stimmen diese Tauregeln, doch gibt es auch Ausnahmen. Es kann sich zum Beispiel ein örtliches Gewitter in den Nachmittagsstunden entwickeln, obwohl wir morgens Tau beobachtet haben.

Sind wir im Spätherbst oder im Winter und sinken die Temperaturen gegen Morgen unter die Nullgradgrenze, so werden wir an den Grashalmen keine Wassertröpfchen, sondern winzig kleine Eiskristalle finden. Der ganze Boden, alle Grashalme und Gegenstände sind dann mit einem weißlichen zuckerartigen Eisbelag überzogen, den wir als Reif kennen. Der Reif verschwindet sofort wieder, wenn die Sonne ihn am Vormittag zum Schmelzen bringt. Selbstverständlich kann er genauso auch im Frühjahr auftreten, unter Umständen sogar noch spät im Mai. Also merken wir uns: Der Reif «fällt» nicht, sondern er wächst durch Abkühlung der tiefsten Luftschichten am Boden, sofern die Temperaturen unter null absinken. Sein Erscheinen kann sogar noch sicherer als der Tau als Schönwetterzeichen für den Beobachtungstag gewertet werden.

So, wie bei Frost statt Tau Reif entsteht, so können wir am Fenster statt des Tröpfchenbeschlages Eisblumen vorfinden. Auch sie sitzen wie der Beschlag dann innen an den Fenstern oder Türen.

13. Bodennebel

Wo die Feuchtigkeit herkommt, wissen wir nun. Wie sie in die Luft hineinkommt, eigentlich auch. Wie in unserem Beispiel mit dem Wasserspender über der Dampfheizung geben draußen in der Natur alle Gewässer, Seen, Flüsse, Meere und nasse Wiesen – seien sie nun regen- oder taunass – Wasser in die Luft hinein ab, im warmen Sommer natürlich mehr als im kalten Winter, denn ohne Wärme geht es nicht! Und stets, wenn Abkühlung erfolgt, kommt das Wasser wieder zurück.

Ein anderer Abkühlungsvorgang soll hier kurz beschrieben werden: Gehen wir an einem klaren herbstlichen Abend, an dem wir deutlich Abkühlung empfinden, hinaus; wir werden über feuchten Wiesen, Bachläufen, Tümpeln oder Seen einen ganz feinen, rauchartigen Hauch bemerken, der dann allmählich zu Nebel wird, den wir ganz nieder über das Gelände schweben sehen. Es ist also wieder Wasser verdunstet, das sehr rasch in den abends oder nachts kühler werdenden bodennahen Luftschichten als Beschlag in der Luft sichtbar wird.

Auch der Nebel wächst also von unten her. Wenn wir immer weiter in den Spätherbst hineinkommen, vor allem, wenn es November wird und die Erde immer mehr auskühlt, wird dieser Bodennebel immer häufiger und in sich dichter werden.

14. Wie ein Sommerwölkchen entsteht

Der Leser erinnert sich an die neugeborenen Wölkchen in Kapitel 1. Wir haben uns dort nur mit der Beobachtung der Wolkenentstehung begnügt und zunächst die Erklärung ausgespart, woher denn diese Wölkchen kommen. Dies soll uns nun eingehend beschäftigen. Ein Segelflieger oder Ballonfahrer, der in ein solches Wölkchen «hineingreift», wird feststellen, dass es sich um ein duftiges Gefüge aus vielen winzigen Tröpfchen handelt, wie ein Beschlag, der in der Luft schwebt. Es ist wie ein Häufchen Nebel, das aus flüssigen Wassertröpfchen besteht. Unwillkürlich denken wir an unsere künstliche Lokomotivwolke und ihre Entstehung – aber ganz so einfach ist es hier leider nicht!

Wir haben gesehen, dass die Wolken scheinbar aus dem Nichts heraus entstanden sind; sie sind nicht vom Wind herangeführt worden, sondern aus der Luft herausgekommen. Wir vermuten richtig, dass es ein ähnlicher Prozess sein muss wie bei der Entstehung des Taues oder des Bodennebels: dass also durch Abkühlung die Luft «geschwächt» wurde und sich das in der Luft befindliche unsichtbare, verdunstete Wasser wieder in Tröpfchenform verflüssigt hat.

Diese Erklärung kann uns allein allerdings nicht ganz befriedigen, denn wir haben in den letzten Kapiteln gesehen, dass Tau und Bodennebel nur an kühlen Abenden, nachts oder morgens entstehen können. Unsere Haufenwolken entstehen aber am späten Vormittag oder frühen Nachmittag. Und doch können wir uns die Wolkenentstehung nur durch einen Abkühlungsvorgang vorstellen.

Wiederum kann uns der Segelflieger weiterhelfen; denn er weiß, dass unter den Wölkchen Luftströmungen senkrecht nach oben gehen; er sucht sich ja gerade die Stellen in der Luft, wo er mit hinaufziehen kann – die Wolken zeigen ihm diese Stellen an. Die Wolken müssen also von unten her entstanden sein. Und da sie meist am früheren oder späteren Vormittag auftauchen, dürfte also Erwärmung mit im Spiel sein. Damit haben wir die Frage zu klären: Warum steigt die Luft nach oben?

Da muss uns der Ballonfahrer helfen, denn er weiß, warum er seinen Ballon mit Wasserstoffgas, das heißt also mit einem Gas füllt, das leichter ist als die Luft. Wenn ein bestimmtes «Luftpaket» wie ein Ballon in die Höhe steigt, so muss dieses Paket leichter sein als die umgebende Luft.

Wenn es draußen kalt ist, während wir im warmen Zimmer sitzen und das Fenster öffnen, haben wir im Kleinen auch Wetter gemacht, denn wir sagen sofort, «es zieht». Warum setzt sich die Luft in Bewegung? Die wärmere Luft im Zimmer und die kältere draußen sind anders geartet, nicht nur der Temperatur, sondern auch dem Gewicht nach. Wir wissen, dass die wärmere Luft am Fenster oben hinausströmt und die kältere unten hereinkommt, denn wenn es zieht, merken wir es an den Beinen zuerst. Die kältere Luft ist also schwerer als die wärmere, bzw. je wärmer die Luft, desto leichter ist sie.

Zurück zu unseren Wölkchen. Ein Sommermorgen beginnt kühl und wolkenlos, wahrscheinlich dann mit taubenetzten Wiesen. Dann kommt die Sonne, erwärmt den Boden und damit die bodennahen Luftschichten, die also wieder «stärker» werden und die Tautröpfchen verdunstet wieder aufschlucken. Die Sonne zieht höher, immer wärmer wird der Boden, und damit erfolgt eine immer stärkere Erwärmung der Luft, aber stets von unten her. Dadurch wird die Luft leichter und beginnt wie ein Luftballon in die Höhe zu steigen, um in durchschnittlichen Höhen zwischen 600 und 1000 Metern wieder so abzukühlen, dass Wassertröpfchen sichtbar ausfallen und die Wolken entstehen.

Noch ein kleines Problem haben wir zu lösen, nämlich das, wohin sich die Wolkentröpfchen setzen; denn irgendwo müssen sie sich anheften können, so wie der Beschlag am Fenster oder der Tau am Gras.

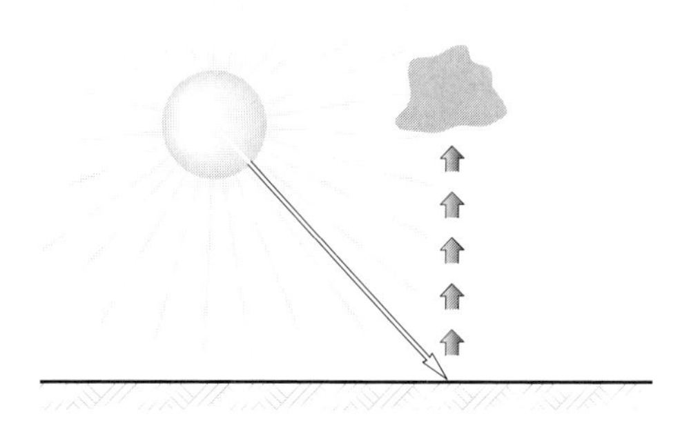

Abbildung 1.
Eine Haufenwolke entsteht von unten.

Dies geschieht bei den Wolken an winzig kleinen Partikelchen aller Art, die stets – für unser Auge unsichtbar – in der Luft vorhanden sind. Die Erfahrung hat gezeigt, dass es an diesen Ansatzteilchen in der Luft nie fehlt. Wolken und Niederschlag hängen also nicht von der Zahl dieser Teilchen ab, sondern von der Luftfeuchte, der Hebung und der Abkühlung. Der Vorgang der Wolkenentstehung ist in Abbildung 1 schematisch nochmals dargestellt.

Zusammenfassend erkennen wir, wie «die kleinen Dinge», ob Tau, Reif, Bodennebel oder kleine Sommerwölkchen, vom Tageslauf abhängen: der Tau kann nicht über Mittag und das Sommerwölkchen nicht nachts entstehen. Genauso gut verstehen wir die Umkehrung der Vorgänge: So, wie nach der Sonnenerwärmung am Vormittag Tau und Reif verschwinden, so lösen sich die Sommerwölkchen am Nachmittag oder gegen Abend ebenfalls wieder auf, weil es kühler wird.

Die großen Dinge

15. Die Sonne macht das Wetter

Die Überschrift hat eigentlich schon alles verraten, und wir haben es nach den letzten Kapiteln längst geahnt: Nicht geheimnisvolle, unkontrollierbare Prozesse machen das Wetter, sondern ganz offenkundig ist es die Sonne. Wenn wir den Ursachen nachspüren, die die verschiedenen, kleinen und großen Wetterlagen gestalten, so werden wir erkennen, dass letzten Endes stets die Sonne im Spiel ist.

Wir sagen wohl, die Sonne, die uns mit einer ungeheuren Energie bestrahlt, gehe auf und unter bzw. sie scheine einmal stärker, ein andermal schwächer; in Wirklichkeit aber bleibt die Kraft der Sonne gleich. Es ist die Erde, die durch ihre Rotation um ihre Achse die Strahlungswirkung der Sonne im Tageslauf verändert. Dass der Breitengrad, auf dem wir uns befinden, und die Jahreszeiten eine Rolle spielen, soll hier zunächst nur kurz erwähnt sein. Die Lufthülle, in der wir das Wetter beobachten, ist gleichzeitig ein Isolator vor allzu großer Sonnenstrahlung. Man weiß, dass von der gesamten Sonnenenergie – vergleiche Abbildung 2 – nur rund ein Drittel den Erdboden trifft, während das zweite Drittel in der Lufthülle stecken bleibt und das letzte Drittel wieder in den Weltenraum zurückgestrahlt wird.

Der Laie stellt sich die Erwärmung der Luft meist so vor, dass die Sonnenstrahlen beim Durchgang durch die Luft diese erwärmen. Die Direkterwärmung ist aber so geringfügig, dass wir sie bei unseren Betrachtungen übergehen können. Das wechselvolle Spiel von Erwärmung und Abkühlung, je nachdem, ob die Sonne auf- oder untergeht, steuert das Wettergeschehen stets von unten her, so, wie wir es im letzten Kapitel an den kleinen Sommerwolken gesehen haben. Die Strahlen der Sonne ha-

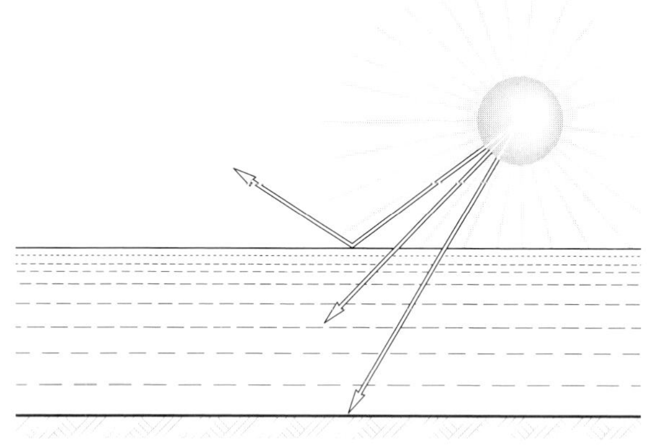

*Abbildung 2.
Nur ein Drittel der Sonneneinstrahlung trifft die Erdoberfläche.*

ben dabei eine Eigenart, die wir am besten – vergleiche Abbildung 3 – in einem Gewächshaus studieren können.

Sie ist der Grund, warum der Gärtner bestimmte Pflanzen und Beete unter ein Glashaus setzt. Stets ist es in einem Gewächshaus – ohne zusätzliche Heizung – wärmer als draußen. Die Energiestrahlung der Sonne geht also durch das Glas hinein; das, was dann innen als Wärme entsteht, kann aber nicht mehr hinaus. Wer Auto fährt, kennt diese Gewächshauswirkung, wenn ein Wagen im Sommer mit geschlossenen Fenstern längere Zeit in der Sonne steht. Dass hierbei die Erwärmung

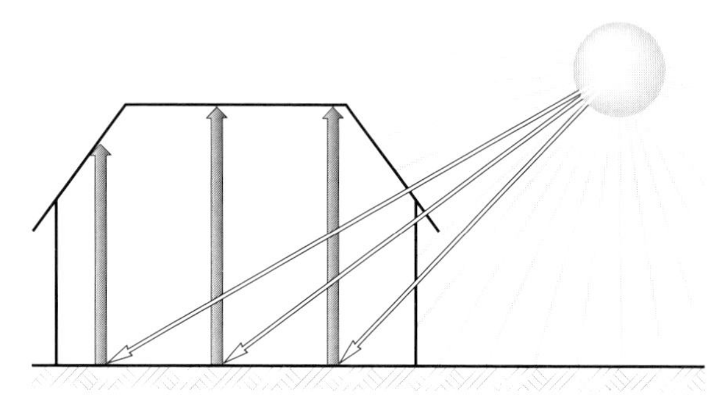

*Abbildung 3.
Die Wärmestrahlen können aus dem Gewächshaus nicht heraus.*

der Holz- und Eisenteile zusätzlich mitspielt, ist selbstverständlich. Auch wer in einem öffentlichen Fernsprechhäuschen telefoniert, wird diese Gewächshauswirkung schon bemerkt haben.

Nun greift noch etwas in das Wettergeschehen ein, an das wir eher nicht denken, nämlich die Bodenbeschaffenheit. Die Abhängigkeit der Erwärmung von der Bodenart, auf die die Sonnenstrahlen auftreffen, ist uns wahrscheinlich aber schon aufgefallen. Ein Wald, ein See oder eine nasse Wiese werden von der Sonnenstrahlung viel mehr verschlucken als ein felsiger oder sandiger Erdboden, der nur oberflächlich sehr schnell warm wird.

Die Erwärmung und damit der Lufttransport nach oben erfolgt über trockenen Gebieten unserer Erdoberfläche viel schneller als über feuchten. So, wie in einem Freibad Boden und Luft am Vormittag viel schneller warm werden als das Badewasser, obwohl doch alles gleich von der Sonne bestrahlt wird.

Wenn nun über einer bestimmten trockenen Stelle – siehe Abbildung 4 – der warme Aufwind beginnt, so muss zwangsläufig an dieser Stelle die nach oben wegstreichende Luft ersetzt werden; das heißt, eine Luftbewegung wird wie ein Sog von den Seiten zu dieser trockenen Stelle hin beginnen. Die Sonne hat also zusammen mit der verschieden gearteten Erdoberfläche Wind erzeugt. Damit wird klar, warum die Haufenwolken immer wieder über denselben Gegenden entstehen.

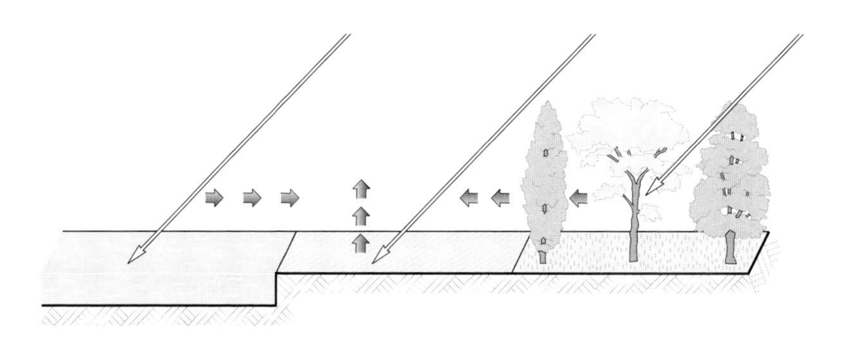

Abbildung 4. Die verschiedenartige Bodenbeschaffenheit ergibt an der trockenen Stelle einen Aufwind.

Dass es bei unserem Lufttransport nach oben für die Wolkenentstehung wichtig ist, wie viel die Luft an Feuchte enthält, dürfte auf der Hand liegen. Hat die Luft von vornherein schon viel verdunstetes Wasser in sich, so wird die Wolkenentstehung sehr bald beginnen. Ist die Luft aber sehr trocken, so wird es auch an heißen Sommertagen vorkommen, dass sich gar keine Wolken bilden. Das erklärt im Übrigen, welch wichtiger Wetterfaktor im Besonderen der Wald ist, denn er ist mit seinem Boden wie ein Schwamm, der nach Bedarf Wasser zur Verdunstung abgeben kann.

Blättern wir nun zu Kapitel 2 zurück und machen uns Gedanken darüber, warum die Wolken nicht mehr höher gestiegen sind, sondern sich verflacht haben, so haben wir jetzt auch sofort die Gründe dafür: Entweder es fehlt die Heizkraft der Sonne, das heißt, wir befinden uns im Winter, noch im frühen Frühjahr oder im späten Herbst, oder es ist Nachmittag im Sommer, und die Sonnenkraft lässt nach. Vielleicht fehlt es an Luftfeuchtigkeit, oder es gibt im Temperaturgefüge in der Höhe eine Unregelmäßigkeit. Einer dieser Gründe mag also bestimmend sein, wenn wir beobachten, dass die Wolken sich ausbreiten und nicht mehr weiter in die Höhe steigen. Wenn die Wolken der Kapitel 3 bis 5 sich wieder auflösen, so kann dies auch nur daher kommen, dass entweder die Heizkraft der Sonne zur Weiterentwicklung nicht ausreicht oder die Luft so trocken ist, dass sie die entstandenen Wolken wieder aufnimmt. Man sieht, welch große Bedeutung der Wassergehalt in der Luft für die Wolkenentwicklung und damit für das gesamte Wettergeschehen darstellt.

Alle die in den Kapiteln 1 bis 5 beobachteten Winde, die die Wolken etwas mitgeführt haben, sind mehr oder weniger solche kleinen örtlichen Winde, die – von den verschiedenen Erwärmungsvorgängen abhängig – schon auf kurze Strecken aus verschiedenen Richtungen wehen können. Es sind Winde, die oft nur kurz wehen, und die, abhängig von der Bodenoberfläche, durch die Sonneneinheizung an Ort und Stelle entstehen. Dagegen sind die Luftbewegungen, die in Kapitel 6 die Wolkentürme umgeweht haben, viel systematischer. Auf den Wolkenbildern 22 und 24 hatten wir gesehen, wie die senkrechte Wolkenbildung von einer beachtlichen Kraft in seitlicher Richtung gestört und damit unterbunden wurde. Diese Winde werden wir im nächsten Kapitel kennen lernen.

Wir wollen uns auch nochmals an den charakteristischen Schönwetterrand erinnern, der alle unsere Wolken der Kapitel 1 bis 6 auszeichnet. Wir sahen, dass die Haufenwolken, die einen scharfen Rand gegen den blauen Himmel behielten, keinen Niederschlag brachten. Und nun hören wir, dass alle diese Wolken aus Wassertröpfchen bestehen und stellen fest, dass aus einer Wasserwolke kein Regen fällt.

So groß diese Wolken auch sein mögen, sie bestehen eben nur aus kleinen Tröpfchen. Und die Vorstellung, diese Tröpfchen würden sich zu großen fallenden Regentropfen vereinigen, trifft – nicht zu! Auch wenn dieser Gedanke auf der Hand liegt – die Erfahrung zeigt, dass so jedenfalls die Regentropfen nicht entstehen. Denn wie oft schon haben wir gewaltig aufquellende Haufenwolken beobachtet, die keinen Niederschlag brachten, obwohl ungeheure Mengen von Wassertröpfchen darin enthalten waren. Die Ursache für die Niederschläge muss also woanders liegen.

Und damit noch einmal zu Kapitel 7. Der Vorgang war folgender: Der Morgen wolkenlos, dann Wolkenentstehung; wie dies vor sich geht, wissen wir nun: Sonneneinstrahlung – Erwärmung des Bodens – Erwärmung der darüber liegenden Luft – Leichterwerden der Luft und Aufsteigen nach oben – Abkühlung und Schwächung der Luft – Ausfall der Feuchte, das heißt des verdunsteten Wassers in Wolkenform. Es war ein heißer Sommertag mit hoher Luftfeuchtigkeit, und es gab keine Störung des Lufttransports in der Senkrechten. Nach dem Aufquellen der Wolken bis in eine Höhe von ungefähr 3000 Metern setzte unsere Bildfolge – vergleiche nochmals Bild 25 – über Mittag mit dem merkwürdigen Rauchen ein.

Nun könnten wir einen Segelflieger beauftragen, der mit der Wolke hochzieht und dabei ein Thermometer kontrolliert. Er würde uns ungefähr folgende Temperaturen melden:

In 2000 Metern 10 Grad, in 2500 Metern noch 5 Grad, bei 3000 Metern 0 Grad (!) und bei 3500 Metern schon minus 5 Grad Celsius. Wir haben also mit der Wolke die Nullgradgrenze durchschritten, die auch mitten im Hochsommer nie höher als 4000 Meter liegt, das heißt: in dieser Höhe und darüber herrschen stets Kältegrade. Wenn also die Wolken durch die Sonneneinheizung bis in diese Höhen ungestört hinaufgetrieben werden, ist nicht mehr schwer zu erraten, was weiter geschieht. In diesen kalten Regionen können sich keine Wassertröpfchen mehr bilden, sondern es müssen kleine Eiskristalle sein. Damit wissen wir, was das eigentümliche Rauchen der Wolke von Kapitel 7 bedeutet: Schnee und Eis in der Luft – mitten im Sommer! Dem Bergwanderer, der sich in den Alpen in diesen Höhen bewegt, sind Schnee und Eis keine Überraschung. Der «Pfifferling» ist also eine Wasserwolke und der «Fliegenpilz» eine Eiswolke. Der Übergang, das heißt die Vereisung, ist in den Bildern 25 bis 32 sowie schematisch in Abbildung 5 festgehalten.

Damit wissen wir auch, dass alle die fedrigen und fasrigen Gebilde, die wir kurz als «Federwolken» bezeichnet haben, Eiswolken bzw. Schneefahnen sind. Wir hatten ja schon erfahren, dass sie zu den höchsten Wolken gehören und sich durchschnittlich in sechs bis acht Kilometern Höhe befinden, sodass uns die Eisstruktur dieser Wolken nicht verwundern kann.

Jetzt müssen wir nur noch den letzten Akt von Kapitel 7, die Frage des Niederschlags klären:

Wenn durch den Lufttransport von unten immer wieder Feuchte in die Eisregionen gelangt, dort an den entstandenen Kristallen anfriert, und wenn sich dieser Prozess längere Zeit fortsetzt, so werden die Eiskörner allmählich zu schwer und beginnen zu fallen. In den tieferen Regionen bei 10 Grad und 20 Grad Wärme werden sie schmelzen und als Regentropfen am Boden ankommen. Es ist aber in diesem Fall kein länger dauernder, gleichmäßiger Regen, sondern ein meist kurzer, kräftiger Niederschlag in Form eines Schauers, den man im Volksmund auch treffend als Regenguss bezeichnet. Zur Bildung der großen Regentropfen eines

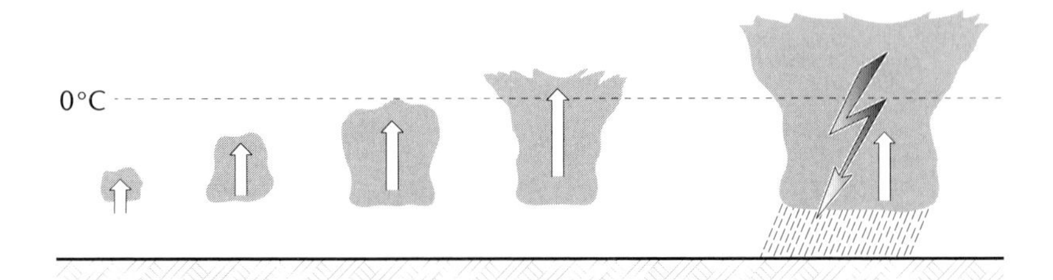

Abbildung 5. Entwicklung der Haufenwolke zur Schauer- und Gewitterwolke.

solchen Schauers ist also stets der Umweg über die Vereisung in den entsprechenden Höhen notwendig.

Diese Vereisung sehen wir so markant als Rauchen der Wolke, wenn sie ihren Schönwetterrand verliert. Nochmals sei die Ursache des ganzen Wettervorganges hervorgehoben: Es ist die Sonne, die die Wolken und damit auch den Niederschlag produziert hat. Damit ist auch die Beobachtung erklärt, dass solche sommerlichen Güsse meist in den Nachmittagsstunden erfolgen.

Aber warum kommt es dabei auch zum Gewitter, das heißt zu elektrischen Entladungen? Ohne Zweifel ist dieser Vorgang äußerst kompliziert. Fest steht, dass beim Hochreißen der Luft die einzelnen Luft- und Wolkenteilchen, die ursprünglich elektrisch neutral waren, aufgeladen werden. Aus dem Physikunterricht weiß heute jedes Kind, dass ein Atom einen positiv geladenen Kern hat, der von negativ geladenen Teilchen umlaufen wird. Dieses atomare und elektrisch neutrale Gefüge wird hier gestört: Es gehen negative Teilchen verloren, sodass beim Rest die positiven Ladungen überwiegen. Haben diese Ladungen eine bestimmte «Spannung» im Verhältnis zur Erdoberfläche erreicht, kommt es zu einer kurzschlussartigen Entladung zwischen Wolke und Erde. Wir sehen sie als Blitz und hören sie als Donner. Dass es auch innerhalb verschieden hoher Regionen zu Entladungen kommen kann, ist bekannt. Je mächtiger sich die Wolken in die Höhe türmen und je kräftiger damit die Vereisung einsetzt, umso eher und umso stärker ist die Gewitterbildung möglich. Und die eigentliche Ursache: wiederum die Sonne mit ihrer Strahlung!

Und noch eine Frage drängt sich sofort auf: Wie kommt es bei einer solchen Wetterlage zum Hagelschlag? Nachdem uns der Vorgang der Vereisung bekannt ist, wird auch die Hagelentstehung verständlich; wir brauchen uns nur vorzustellen, dass die kleinen Eiskörner beim Fallen, bevor sie schmelzen, in dem stetigen Warmluftstrom wieder nach oben gerissen werden. Damit können sich wiederum feuchte Teilchen ansetzen und anfrieren, sodass die Eiskörner größer und schwerer werden. Sie werden immer wieder fallen und wieder hochgerissen werden. Dieser «Fahrstuhlprozess» kann an einem heißen ungestörten Sommertag zwischen 2000 und 6000 Metern Höhe einige Stunden dauern, so lange, bis die Körner so schwer geworden sind, dass sie endgültig bis zum Boden durchfallen.

Ein Eiskorn von zwei bis drei Zentimetern Durchmesser schmilzt auf dem Weg bis zum Erdboden nicht völlig, kommt noch in Eisform auf der Erde an. Jetzt ist uns auch verständlich, warum es fast nie im Winter hagelt, sondern meist im Sommer – eben an den heißesten Tagen. Kleinere Hagelkörner pflegt man Graupel zu nennen, die größeren Hagel oder Hagelschlossen. Einsetzender Niederschlag bei einer solchen Wetterlage bringt immer zuerst das vollständige Abladen des Hagels und dann erst nachfolgenden Regen, beides natürlich in Schauerform. So groß der landwirtschaftliche Schaden sein mag, der durch einen Hagelschlag entsteht, er ist glücklicherweise stets auf wenige Quadratkilometer beschränkt; auch dauert der reine Hagelschlag selten länger als 15 bis 20 Minuten.

Interessant ist die innere Struktur eines Hagelkornes: Wenn wir sofort nach dem Aufprall am Boden behutsam einen Querschnitt machen, finden wir um einen milchigtrüben Kern einen fast durchsichtigen Überzug in konzentrischen Schichten, die uns die ganze Entstehungsgeschichte eines solchen Hagelkornes erzählen. Und vergessen wir nicht: Auch den Hagel hat die Sonne auf dem Gewissen!

16. Luftmassen bewegen sich

All das soeben im Rückblick auf die Kapitel 1 bis 7 Besprochene bezog sich – mit einer Ausnahme im Kapitel 6 – jeweils auf einen örtlich gebundenen Wetterverlauf. Im Kapitel 6 erkannten wir in der Höhe einen stärkeren, systematischen Wind, der in das örtliche Wettergeschehen störend eingriff. Es hatte dort den Anschein, als ob diese stark bewegte Luft bzw. eine neu herangeführte Luftmasse das schöne Wetter erhielt, denn die Gewitterbildung wurde ja dadurch unterbunden. Aber wieder einmal müssen wir uns vor Verallgemeinerung hüten; denn stets erhebt sich die Frage: Was bringt eine solche Luftmasse an Feuchte mit sich, und reagiert diese auf die bisherige Luft?

Zunächst aber müssen wir klären, warum denn die Luftmassen überhaupt so anziehend wirken. Es ist im Großen nicht anders als im Kleinen; denn das, was wir beim Öffnen des Fensters beobachten, gilt natürlich entsprechend auch für Luftmengen größeren Ausmaßes. Betrachten wir nochmals Zeichnung 4: Die Sonne strahlt Wasser, Boden und Wald vollständig gleich an; aber kurz darauf gibt es Wind, weil der Boden sich nicht gleichmäßig erwärmt, das heißt, weil der trockene Boden und damit die Luft darüber schneller warm werden als die feuchte Umgebung. Die benachbarte Luft wird sofort sogartig in die Leere der aufgestiegenen Luft hineingezogen, und ein Luftkreislauf schließt sich; das heißt, über den kühleren Gegenden wird eine abwärts gerichtete Luftbewegung festzustellen sein.

Ein anderes Beispiel illustriert Abbildung 6. An einem Sommervormittag strahlt die Sonne an der Küste gleichmäßig auf Wasser und Dünensand. Während aber das Wasser die Sonnenstrahlung größtenteils in sich aufnimmt, wird der Sand – zunächst aber nur an der Oberfläche – sehr schnell heiß. Damit wird die darüber liegende Luft über der Düne ebenfalls wärmer und leichter und zieht in die Höhe ab. Sofort wird die Seeluft im Sog herangeführt, und wieder schließt sich ein Kreislauf. Wer zum ersten Mal an der See badet, wird immer etwas unangenehm von diesem Vorgang überrascht werden, denn man stellt sich doch vor, dass es mit höher steigender Sonne am Vormittag wärmer wird. Theoretisch ist dies richtig, aber wir empfinden als ausschlaggebend die Luft, die der

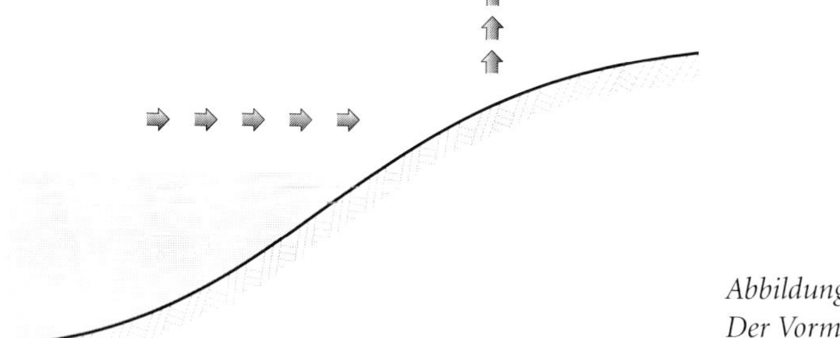

Abbildung 6. Der Vormittagswind an der Küste.

Wind heranführt, und so beobachten wir am Vormittag stets einen kühleren, feuchteren Wind von der See in Richtung zur Küste. Wenn am späten Nachmittag die Sonneneinstrahlung nachlässt, legt sich dieser Wind, dreht langsam um, und dann weht am Abend ein warmer, trockener Wind vom Land gegen die See.

Das, was wir im Kleinen am Fenster oder an der Küste beobachten, gilt auch für die großen Räume unserer Erde, das heißt für die Luftmassenbewegungen zwischen den großen Kontinenten und den weiten Meeren. Wenn im Frühjahr die tägliche Sonnenstrahlung zunimmt und eine systematische Erwärmung eines ganzen Erdteils erfolgt, entsteht eine Großzirkulation, und es herrschen die Winde vom Meer zum Land vor. Umgekehrt bemerken wir im Herbst beim Zurückgehen der Sonnenscheindauer wärmere und trockenere Winde, die vom Kontinent zum Meer ziehen.

Interessant wird es, wenn sich solche Luftmassen gegenseitig auseinander setzen, wenn also wärmere auf kühlere oder kühlere auf wärmere treffen. Je größer die Temperaturgegensätze solcher Luftmassen sind, umso größer werden auch die Bewegungsvorgänge sein.

Beispiele hinken stets – doch helfen sie uns oft, auch schwierigere Dinge zu verstehen. Stellen wir uns also vor, wir hätten einen Sack voll Erbsen und einen Sack voll flaumiger Bettfedern, und beide stünden auf dem Boden, einige Meter voneinander entfernt. Ohne Zweifel ist der Sack mit Erbsen erheblich schwerer. Nun wollen wir beide Säcke öffnen und am Boden *gegeneinander* ausleeren: Die schweren Erbsen werden am Boden entlangkullern und dort liegen bleiben, während die leichten Federn turbulent in die Höhe stäuben. Bei verschieden temperierten und damit auch verschieden schweren Luftmassen ist es nicht viel anders.

Wir wollen nun, damit wir die Vorgänge im Einzelnen besser verstehen können, zwei Versuche machen, die sich in der Reihenfolge unterscheiden, wie die Säcke nacheinander ausgeschüttet werden:

1. Wir schütten die Erbsen zuerst auf den Boden, warten, bis sie als Haufen zur Ruhe kommen und lassen dann erst die Bettfedern gegen die Erbsen los.
2. Wir schütten zuerst die Bettfedern – aber sehr behutsam – als lockeren Haufen auf den Boden, warten, bis einigermaßen Ruhe eingetreten ist und schütten dann die Erbsen aus.

Die Ergebnisse unterscheiden sich grundlegend. Beim ersten Versuch werden die Federn relativ ruhig und langsam über die fast ungestört liegen bleibenden Erbsen hinauf- und hinübergleiten. Die Federn werden zunächst die Erbsen nicht vom Boden verdrängen können; erst wenn wir weitere Säcke mit Federn zu Hilfe nehmen und mit genügendem Druck gegen die Erbsen anlaufen lassen, werden diese sich langsam am Boden verschieben. Beim zweiten Versuch dagegen erobern sich die Erbsen durch ihr größeres Gewicht sofort den Boden, und die Federn werden stürmisch in die Höhe gewirbelt.

Denken wir uns jetzt statt der Erbsen eine kalte Luftmasse und statt der Bettfedern eine warme, dann haben unsere beiden Versuche nichts anderes als die Wettervorgänge der Kapitel 8 und 9 demonstriert. Unter «warm» und «kalt» verstehen wir bei diesen Betrachtungen stets, dass eine Luftmasse wärmer oder kälter als eine andere ist. Eine Luftmasse, die am Boden eine Temperatur von +15 Grad Celsius aufweist, ist demnach eine Warmluftmasse gegenüber einer anderen, dic nur 10 Grad Celsius am Boden aufweist. Sie ist aber mit ihren +15 Grad Celsius «kalt» gegenüber einer dritten Luftmasse, die am Boden +20 Grad Celsius hat. Es kommt also bei unseren Wetterereignissen stets auf den Unterschied der Temperaturen an und darauf, welche Luftmasse als ruhend zuerst da ist und welche als zweite gegen die erste neu herangeführt wird.

Die Überschriften in den Kapiteln 8 und 9 hatten schon verraten, dass die Ursachen der so sehr voneinander verschiedenen Wetterumschläge in den unterschiedlichen Temperaturen der neu herangeführten Luftmassen zu suchen sind. Da die äquatorialen Zonen unserer Erde stets unter starker Sonneneinstrahlung liegen, die polaren Zone dagegen nur geringfügig im jahreszeitlichen Wechsel bestrahlt werden, gibt es zwischen diesen großen, verschieden temperierten Räumen zwangsläufig einen endlosen Luftmassenaustausch. Dass die dabei entstehenden großen Luftzirkulationen – bedingt durch die verschiedene Erdoberflächengestaltung sowie durch den Einfluss der Erdrotation – sehr kompliziert sind, darf nicht verwundern. Jedenfalls ist leicht einzusehen, dass in den gemäßigten Breiten, zum Beispiel bei uns in Europa, die wärmeren Luftmassen vorwiegend aus südlichen und die kälteren Luftmassen aus nördlichen Richtungen zu uns stoßen. Dabei kommen die wärmeren Massen mehr aus südwestlichen und westlichen Richtungen auf Europa zu, da die Auseinandersetzung zwischen Kontinent und Meer entscheidend mitspielt. Sie bringen dann auch stets einen hohen Gehalt an Feuchte mit. Kommen sie dagegen direkt aus Süden und bringen sie uns echte Saharaluft mit, so kommt diese Luft sehr trocken bei uns an. Hier spielt aber noch der Umstand mit, dass diese Luftmassen dann über die Alpen hinwegmüssen. Dieses Problem wird uns bei der Föhnentstehung noch besonders beschäftigen.

Kältere Luftmassen, die aus Norden kommen, können über Nordwesten oder Westen zu uns gelangen, genauso auch über Nordosten oder Osten. Der Umweg über den Westen und damit über den Ozean wird sie sicherlich feuchter, der Umweg über den Osten wegen des europäisch-asiatischen Festlandes wesentlich trockener gestalten. Immer wieder erkennen wir das Zusammenspiel: Sonnenstrahlung – Luft – Wassergehalt – Erdoberfläche.

Wir beschäftigen uns nochmals eingehender mit den Ereignissen von Kapitel 8 und denken dabei an unseren ersten Erbsenversuch. Über Deutschland liegt bei wolkenlosem Himmel eine Luftmasse, die am Boden eine Temperatur von + 15 Grad Celsius aufweist. Kommt jetzt aus westlicher oder südwestlicher Richtung eine Luftmasse, die am Boden + 20 Grad Celsius besitzt, dann werden wir die alte, ruhende Luft als

Kaltluft (K) und die neu ankommende als Warmluft (W) bezeichnen – vergleiche Abbildung 7.

So, wie die Bettfedern langsam über die ruhenden Erbsen aufgleiten, wird es in breiter Form zu einem langsamen Aufgleiten der wärmeren über die kältere Luft kommen. Das Ganze ergibt somit einen weit ausgedehnten Hebungsprozess mit allen seinen Folgen. Es kommt also hier nicht zu einer örtlichen, durch die Sonneneinheizung im Tagesgang hervorgerufenen Hebung, sondern zu einem Vorgang, der über ganz Deutschland, also in einer Breite von rund 1000 Kilometern gleichmäßig hinwegzieht. Anfang und Ende dieses Prozesses liegen meist auch rund 1000 Kilometer auseinander, weshalb die Begleiterscheinungen durchschnittlich zwei bis drei Tage dauern.

Was Hebung bedeutet, wissen wir: Abkühlung und Ausfall der enthaltenen Feuchte, Wolkenbildung mit Vereisung und Niederschlag. Entsprechend den weiträumigen Vorgängen werden auch die Wolkenbilder anders sein als bei einer örtlichen Hebung. Wir kennen sie ja schon aus dem Kapitel 8 mit den Bildern 33 bis 50. Während wir Entstehung und Weiterentwicklung der Haufenwolken in unseren ersten Kapiteln von Anfang bis Schluss verfolgen konnten, sehen wir beim Warmluftaufgleiten die schon lange vorher entstandenen Wolken mehr oder weniger fertig auf uns zukommen und über uns hinwegziehen. Im Gegensatz zum örtlichen Wärmegewitter, wo wir die Reihenfolge Wasserwolke – Eiswolke beobachteten, erleben wir hier die umgekehrte Folge; das heißt, das Erste, was wir am Himmel sehen, sind die «Federn» in sechs bis acht Kilometer Höhe. Es wird uns also hier als erstes Vorzeichen der Wetterumbildung das fertige Eis vorgesetzt, die Federwolken, die wir in ihren verschiedenen Strukturen aus den Bildern 33 bis 38 kennen. (Es bleibt uns leider nicht erspart, bei diesen Betrachtungen immer wieder zu unserem Bildmaterial zurückzublättern.)

Dieses Aufgleiten schiebt sich nun über ganz Deutschland; die ersten Vorboten, die feinen weißen Federwolken mit ihren typischen kleinen Häkchen, erscheinen zuerst im Westen, ungefähr einen Tag später in der Mitte und am zweiten Tag im Osten Deutschlands. Jeder Beobachter in Deutschland wird also diesen Aufzug erleben – nur eben zeitlich verschieden.

Wenn sich die feine Eisschichtung in den höchsten Höhen schließt, brechen sich die Sonnenstrahlen – um die Vollmondszeit auch die Mondstrahlen – in den feinen Eiskristallen und rufen so die eigenartigen Ringe, die Haloerscheinungen hervor. Der zuerst beobachtbare Teil dieser Wetterumbildung besteht also ausschließlich aus Eisgewölk. Erst, wenn die Gegenstände keine Schatten mehr werfen, die Wolken grau werden und die Sonne allmählich ganz verdüstern, hat sich der Bereich der Wasserwolken über uns geschoben, der natürlich von Eiswolken überlagert ist. Je dunkler der Wasserwolkenbereich erscheint – vergleiche nochmals Bild 47 –, umso mächtiger ist er in der Höhe und umso mehr Eis lagert sich darüber. Meist beginnt der Niederschlag dann, wenn sich die unterste graue Wolkenschicht nur noch 600 bis 1000 Meter über dem Beobachter befindet.

Die darunter als Regenanzeichen besonders hervorgehobenen kleinen Wolkenfetzen entstehen dadurch, dass der Niederschlag in diesem Bereich schon eingesetzt hat, die Luft aber in den untersten Schichten über dem Erdboden so trocken ist, dass sie den von oben fallenden Niederschlag wieder aufzunehmen und sozusagen in Wolkenform vorzuzeigen vermag. Es wird dann nicht mehr lange dauern, bis auch dieser Luftraum so wassergesättigt ist, dass das unterste dunkle Gewölk sich fast schließt und der Regen am Boden ankommt.

Ein Vergleich soll uns diesen Vorgang wieder veranschaulichen: Wenn es zu regnen beginnt, spannen wir ein trockenes Handtuch waagerecht aus; die Regentropfen werden im Tuch aufgefangen und erreichen den Erdboden nicht – so lange, bis das Tuch voll gesogen ist und selbst zu tropfen beginnt. Für den Beobachter kommen natürlich die Regentropfen stets aus dem untersten Gewölke heraus; wir müssen uns nur vergegenwärtigen, dass sie ein Schmelzprodukt aus den oberen Höhen sind.

Den ganzen Aufgleitvorgang können wir uns mit der Abbildung 7 noch wie folgt verdeutlichen: Dort, wo rechts auf der Skizze in der Höhe die ersten Federwolken auftauchen, sei Berlin; in der Mitte der Zeichnung wollen wir uns Würzburg denken, und wo die Warmluft links den Boden berührt, liege die Grenze zu Frankreich. So gleitet also diese neu herangeführte leichtere Luft über ganz Deutschland auf und zeigt entsprechende Wolkenbilder: Im Osten Deutschlands die Federwolken, in

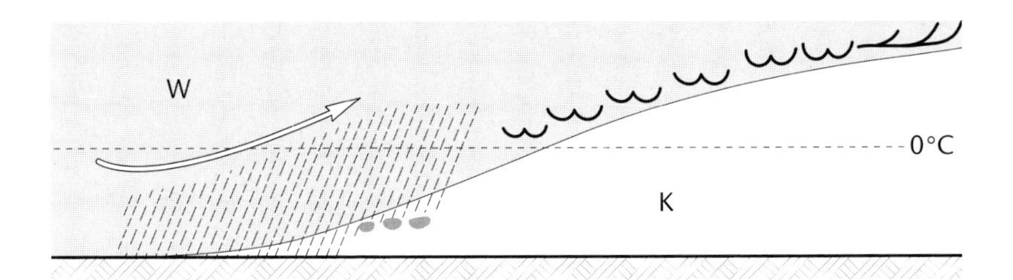

Abbildung 7. Aufgleiten wärmerer über kältere Luft.

Mitteldeutschland Bälle und Wellen ähnlich den Wolkenbildern 39 bis 42. Im westlichen Deutschland wird dann die Eisschichtung geschlossen sein und wie in den Bildern 43 bis 46 die Eintrübung erfolgen. In Frankreich werden entsprechend den Bildern 47 bis 50 die Wolkenfetzen unter den geschlossenen Schichten sowie Niederschlag in Form eines gleichmäßigen Landregens zu beobachten sein.

Da die Regentropfen geschmolzene Eiskörner sind, werden sie stets niedere Temperaturen, das heißt je nach Jahreszeit ca. +5 Grad bis +15 Grad Celsius haben; es wundert also nicht, wenn ein länger dauernder Niederschlag eine entsprechende Abkühlung mit sich bringt, auch wenn er durch eine Warmluftmasse ausgelöst wurde. Hören aber Aufgleiten und damit Hebung und Niederschlag auf, so werden wir bemerken, dass die Temperaturen nachher höher sind als vor Beginn der ganzen Wetterumbildung.

Nach dem Durchzug eines ersten Regengebietes kommt es auch zu Niederschlagsunterbrechungen. Wir beobachten dann längsgeschichtete Wolkenbänke in verschiedenen Höhen. Wenn wir bemerken, dass immer noch hohe, weißliche Eisbewölkung vorhanden ist, wird es nicht allzu lange dauern, bis wiederum Niederschlag einsetzt. Während des Wolkenaufzuges, also vor dem ersten Niederschlag, gibt es – abgesehen von schwachen örtlichen Winden – kaum nennenswerte Luftbewegungen. Erst mit Beginn des Niederschlags, das heißt mit dem Durchzug der eigentlichen Regenfront, kommt stärkerer Wind auf – in unseren Gebieten vorwiegend aus Südwesten oder Westen. Wie schon erwähnt, ist es interessant, während der ganzen Aufgleitvorgänge den Luftdruck zu beobachten; denn gerade das gleichmäßige Fallen des Luftdrucks charakterisiert neu ankommende Warmluft. Und warum geht der Luftdruck zurück? Betrachten wir Abbildung 8, so sehen wir, wie mit weiterem Vorrücken der «Bettfedern» über die «Erbsen» immer mehr kalte, schwere Luft (schraffiert), durch warme, leichte Luft (nicht schraffiert) ersetzt wird. Damit wird der Luftdruck am Boden stetig geringer.

In allen Jahreszeiten bringen die Warmluftaufzüge den von Gärtnern und Landwirten ersehnten länger anhaltenden Regen. Im Winter, wenn die Temperaturen am Boden um oder unter 0 Grad Celsius liegen, können die fallenden Eiskristalle nicht schmelzen; der Niederschlag erreicht als Schnee den Erdboden. Wir erinnern uns dabei, dass es immer auf die Größe des Temperaturunterschieds zwischen der liegenden und der aufgleitenden Luftmasse ankommt. Je nachhaltiger die ankommenden Warmluftmassen aufgleiten, umso kräftiger wird es schneien. So widerspruchsvoll es klingen mag: Die größten Schneefälle haben stets ihre Ursache im Aufgleiten wärmerer Luftmassen. Da im Hochgebirge im Winter die Temperaturen fast stets unter 0 Grad Celsius bleiben, wird der Schnee dort auch liegen bleiben. Im Flachland aber wird nach solchen Schneefällen durch die am Boden nachfolgende wärmere Luft stets Tauwetter und unter Umständen – vor allem wenn die Schneefälle vorher ergiebig waren – Hochwasser eintreten.

Bei der eben besprochenen Wetterlage, das heißt bei dem Anheben der wärmeren über die kältere Luft, kommt es sehr selten zu gewittrigen Entladungen, weil hier die Voraussetzung für die Gewitterentstehung fehlt, nämlich das sehr kräftige, senkrechte Hochwirbeln der Luft. Die Luftmassen fließen hier langsam schräg aufwärts; sie werden nicht turbulent hinaufgerissen. Der einsetzende Warmluftniederschlag geht also – von Ausnahmen abgesehen – ohne Gewittererscheinungen vor sich.

Wenn der Nachschub der Warmluftmassen aufhört, lassen auch die Aufgleitvorgänge nach und damit Wolkenbildung, Vereisung und Nie-

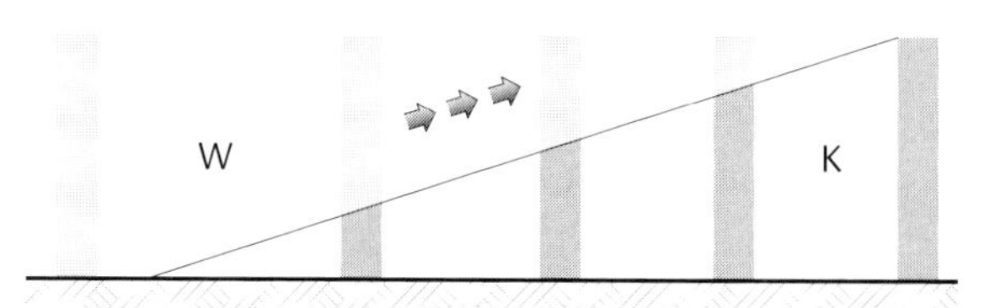

Abbildung 8. Der Luftdruck nimmt mit Zunahme der wärmeren Luft ab.

derschlag. Wir werden dann geschichtete Wolken beobachten, die, wenn die Wetterentwicklung tatsächlich abgeschlossen ist, sich langsam auflösen. Wenn der Laie eine fast geschlossene Wolkendecke über sich hat, die nur da und dort unterbrochen ist, wird er sich fragen, ob diese Wolkendecke zum Regenwetter oder zum Schönwetter führt. Findet er darin die verräterischen gleichmäßigen Wolkenformen wie Bälle und Wellen, so ist die Systematik der Bewegung zu erkennen: weitere Eintrübung mit Niederschlag steht zu erwarten.

Bricht aber eine Wolkendecke in ganz unregelmäßige, kleine und größere Schollen auf, so, wie eine Eisdecke auf einem See aufschmilzt, dann haben wir tatsächlich echte Wolken-auflösung mit nachfolgendem Schönwetter vor uns, das, was man als Aufklaren bezeichnet. Wir werden dabei auch entweder Windstille oder nur einen geringfügigen Wind am Boden und in der Höhe bemerken.

Wir kommen zum zweiten Fall unseres Erbsen-Versuchs: Die Bettfedern ruhen, und die Erbsen rollen darunter. Dieses Beispiel – auf unsere Luftmassen angewandt – haben wir auf Seite 46 schon beschrieben. Nun sind uns auch die Gründe für das andere Verhalten dieses Wetterumschlags aus Kapitel 9 verständlich. Wir hatten dort nur einzelne charakteristische Bilder des Verlaufs einer einbrechenden Kaltluft gezeigt, da der Vorgang der Vereisung im Kapitel 7 ja eingehend geschildert worden war. Der Unterschied ist nur, dass nicht an einer Stelle, sondern durch eine schwere, neu herangeführte Luftmasse die alte mechanisch emporgehoben wird und damit auf einer langen Front – wieder über 1000 Kilometer oder mehr – Wolkentürme, Sturm und Gewitter auf uns zurollen – vergleiche Abbildung 9.

Während an einem warmen Sommertag nur da und dort einzelne Gewitter entstehen mögen, bringt dieser Wettervorgang für das ganze Land systematisch die Überquerung durch eine solche Gewitterfront. Dass es hier zu Gewittern kommt, überrascht uns nicht, wenn wir an unseren zweiten Versuch denken, bei dem die Bettfedern durch die Erbsen energisch in die Höhe gewirbelt wurden.

Während bei der aufgleitenden Warmluft die verschiedenen Wolkenfelder manchmal Tage vor der eigentlichen Front vorausziehen, folgen bei der einbrechenden Kaltluft das Wolkenbild in der Höhe und die

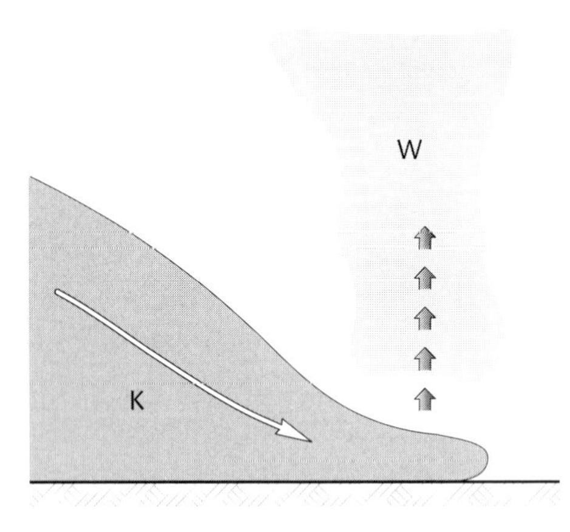

Abbildung 9.
Einbrechen kälterer unter wärmerer Luft.

Front am Boden wesentlich rascher aufeinander. Das Herannahen der Front wird jedoch mindestens eine bis zwei Stunden vorher angekündigt: hohe rasch ziehende Eisfahnen und «Schwärzerwerden» des gesamten Horizontteiles, aus dem das Wetter auf uns zukommt. Charakteristisch hierbei ist der so genannte Böenkragen, ein etwas dunkleres zerfetztes Gewölk über einem leichteren Horizontstreifen, an dem wir schon von weitem den niedergehenden Niederschlag erkennen. Man sieht von einem Standpunkt, der den Blick zum Horizont freigibt, das Näherkommen der Kaltfront stets sehr gut – vergleiche Bild 52.

Wo die Einzelheiten in der Landschaft noch deutlich klar zu erkennen sind, hat der Niederschlag noch nicht eingesetzt; wo sie aber schemenhaft hinter einem weißlich grauen Vorhang verschwinden, ist erkennbar, wie weit der Niederschlag schon vorgerückt ist. Mit dem eigentlichen Eintreffen der Front mit Gewitterschauern und starken Winden, die stets sehr böig sind, treten meist auch bei Tag sehr dunkle Szenerien auf – vergleiche nochmals hierzu die Bilder 55 und 56. Je höher und geschlossener die Wolken sind und je stärker die Vereisung der emporgewirbelten «Bettfedern» ist, desto weniger Licht wird durch das gesamte Gewölk dringen und die so typisch blau-schwarzen Stimmungen hervorrufen. Über die Eigenart der Böigkeit des Windes sprechen wir nochmals im nächsten Kapitel. Während die ruhig ziehende Warmluft uns gleichmäßige, lang andauernde Niederschläge bringt, kommt es bei Kaltluft oft zu «wolkenbruchartigen» Platzregen.

Da vor dem ersten Kaltluftschub am Boden nur warme, das heißt leichte Luft über uns ist, wird bis dahin der Luftdruck sehr gering sein. Der tiefe Barometerstand hat uns also auch schon vorher auf die Ankunft der Kaltfront hingewiesen.

Besonders reizvoll ist es, im Augenblick des ersten Windstoßes den Zeiger des Barometers zu beobachten. Er wird sofort einen kleinen Sprung nach oben, das heißt nach rechts machen, denn dieser erste Windstoß bringt sofort einen Schub kälterer, schwerer Luft mit, die den Luftdruck ansteigen lässt. Je kräftiger nun das Gewitter tobt, das heißt je kräftiger die Kaltluftmassen hereinbrechen, desto stärker wird der Zeiger unseres Barometers «steigen». Dieser Vorgang ist meist für den Laien überraschend, da mit dem einsetzenden «Unwetter» der Zeiger des Barometers in Richtung «Schönwetter» rückt. Wie der Luftdruck dann mit weiterer Kaltluftzufuhr (schraffiert) steigt, erläutert die Abbildung 10.

Nach dem Durchzug der Front werden uns noch zwei Dinge sehr markant auffallen: 1. Die Windrichtung, vorher West, springt auf Nordwest. 2. Die Temperatur sinkt oft in wenigen Minuten um mehrere Grad ab; sie kann in ungefähr einer Stunde um 10 bis 12 Grad sinken.

Wir werden eine solche Kaltluftmasse im Sommer als sehr angenehme Abkühlung empfinden, während wir sie noch im Frühjahr, ja vielleicht sogar bis in den Juni hinein als unangenehmen, winterlichen Rückfall bezeichnen. Wir sprechen später noch einmal bei den so genannten Eisheiligen über diese Kaltlufteinbrüche. Kommt eine solche Kaltluftmasse im Winter über uns, so bringt sie logischerweise eine winterliche Wetterlage mit sich; im Januar ist dies meist der eigentliche Wintereinbruch überhaupt.

Damit ist auch geklärt, weshalb es im Winter Gewitter geben kann. Meist kommt es allerdings nur zu einer oder zwei kräftigen Entladungen, aber stets folgen Schnee und Kälte nach. Wir verstehen jetzt auch, warum

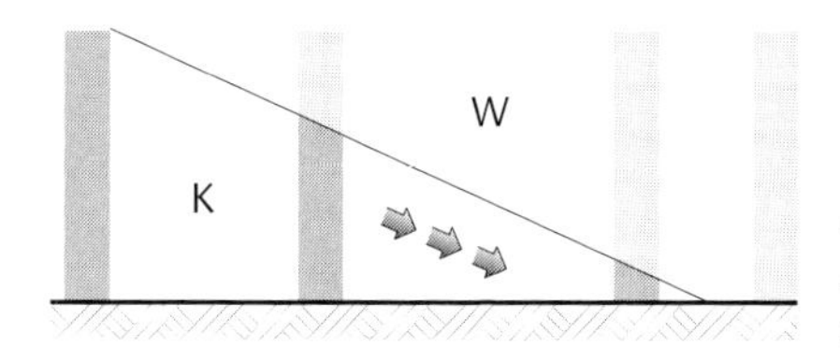

Abbildung 10.
Der Luftdruck nimmt mit Zunahme der kälteren Luft zu.

wir nicht nur in allen Jahreszeiten, sondern auch zu allen Tageszeiten Gewitter beobachten können. Wenn wir schon frühmorgens oder mitten in der Nacht Gewitter erleben, so sind diese stets frontartig und bringen eine echte Abkühlung mit sich, während ein örtliches Sommergewitter über Mittag oder am Nachmittag dies nicht vermag. Hier wird höchstens durch rasches Verdunsten des Niederschlags auf dem heißen Boden die Luft feuchter und damit schwüler. Am stärksten werden die Wettererscheinungen der Kaltluft allerdings sein, wenn eine solche Front an einem heißen Sommertag in den Mittagsstunden über uns hinweggeht, weil dann zu den Luftmassengegensätzen auch noch die örtlich einheizende Kraft der Sonne hinzukommt. Auch müssen wir dann mit Hagelschlag rechnen, der vorher an der Verfärbung der Wolken ins Gelbliche zu bemerken ist.

Bei diesen Vorgängen greifen wiederum die verschiedenen Geländeformen unserer Erdoberfläche wetterbestimmend mit ein. Alle Bergformen im Hochgebirge stehen den am Boden anfließenden Kaltluftmassen wie Hindernisse entgegen, sodass alle Hebungsvorgänge wesentlich verstärkt werden. Wir greifen unser Beispiel noch einmal auf und breiten diesmal die Bettfedern vor einer Zimmerwand aus; dann lassen wir die Erbsen dagegenrollen. Jetzt können die Federn nicht ausweichen und werden noch stärker als vorher in die Höhe getrieben. Das besagt, dass beim Anlaufen von Kaltluftmassen gegen die Berge zuerst die alte und dann die neue Luftmasse entsprechend stärker in die Höhe getrieben werden, abkühlen, Wolken bilden, vereisen und Niederschlag geben.

Eine Kaltfront, die im Flachland ein «normales» Gewitter mit Schauern ergibt, wird schon an mittelhohen Bergen, insbesondere aber im Hochgebirge viel kräftigere Niederschläge und länger anhaltende Gewitter mit sich bringen. Jeder Berg wirkt also als Hindernis und bringt Luftmassen zum Stauen und Anheben. Wenn Kaltluftmassen aus Nordwesten über Deutschland hinwegziehen, wird es nach einiger Zeit in Nord- und Mitteldeutschland wieder schönes Wetter; dagegen herrscht in Oberbayern längere Zeit regnerisches und kühles Wetter, weil dort vor den Alpen die Luftmassen nicht abfließen können und so lange zu Hebungsprozessen führen, bis sie zur Ruhe gekommen sind.

Auch in den Mittelgebirgen erhalten die Gebiete in der Hauptwetterrichtung, vorwiegend also die westlichen Seiten dieser Berge, wesentlich mehr Niederschlag als die entgegengesetzten Seiten. Die Bewohner des Schwarzwaldes oder des Thüringer Waldes wissen das genau. Auch bei der Schwäbischen Alb, bei der der Trauf von Südwesten nach Nordosten zieht, ist die Verschärfung des Wetters gegenüber dem Vorland stets zu bemerken, wenn die Fronten aus Westen, Nordwesten oder Norden kommen. Auch die Wettererscheinungen, die wir in Kapitel 9 erlebten, waren durch einfließende Kaltluft bedingt, die in drei Wellen gegen das Allgäu vorstieß: am Vormittag zuerst nur ganz leicht mit der Degenbildung und relativ geringen Hebungserscheinungen, der zweite, wesentlich kräftigere Kaltluftstoß am Nachmittag und der dritte dann am folgenden Tag. Sehr häufig ist der erste Stoß der kräftigste, und die weiteren Staffeln klingen dann in ihrer Stärke ab. Auch eine aufgleitende Warmluft wird beim Überschreiten eines Gebirges stärker gehoben, und kräftigere Wettererscheinungen zeigen sich.

Der Leser wird beim Wetterbeobachten bemerken, dass wir unsere Großwetterlagen letzten Endes stets dem Wechsel von solchen Luftmassen zu verdanken haben. Kommen die Luftmassen in genügendem zeitlichem Abstand nacheinander, so werden wir am Wolkenbild und den Begleiterscheinungen ganz übersichtlich feststellen können, ob die neu heranrückende Luftmasse kälter oder wärmer als die vorhergehende ist. Wettervoraussagen sind dann relativ leicht. Schwierig wird es erst – und dies tritt leider in Deutschland sehr häufig ein –, wenn sich die Luftmassen einholen und damit für uns ganz unübersichtlich durchmischen. Dieses Überholmanöver ist leicht erklärlich, da wir ja wissen, dass sich Erbsen anders verhalten als Bettfedern; das heißt, die Kaltluftfronten haben stets eine viel höhere Zuggeschwindigkeit als die Warmluftfronten. Dann wird die Warmluftmasse nach oben abgehoben, und die neue Kaltluftmasse mischt sich am Boden mit der alten kühleren Luftmasse, die vor der Warmluft da war. Es ist also, wie wenn zwischen zwei Erbsenhaufen ein Schub Bettfedern keilförmig nach oben gedrückt wird.

Es kommt dann darauf an, ob die beiden kälteren Luftmassen ähnlich oder sehr verschieden sind, und zwar bezüglich ihrer Temperatur und ihrer Feuchte. Wenn durch die Reibung der Luftmassen am Boden – Wälder, Höhen und Berge – die gesamte Fortbewegung immer langsamer wird, werden die Wolkenbilder so unübersichtlich, dass selbst der

Erfahrene Schwierigkeiten hat, die Zusammenhänge klar zu erkennen und eine sichere Voraussage zu treffen.

Eine Übersicht über die Luftmassen, die wir in unseren Gebieten am häufigsten verzeichnen, finden wir auf Seite 184.

Die als Schlechtwetterzeichen vor den Niederschlägen auftretenden guten Fernsichten entstehen bei allen diesen Wetterumbrüchen dadurch, dass die neu ankommenden Luftmassen, seien es die wärmeren oder die kälteren, stets die alte, ruhende und verunreinigte Luft durchwirbeln oder verdrängen und dadurch einen Reinigungsprozess vollziehen.

17. Interessante Winde und große Stürme

Was ein Wind ist und wie ein Wind entsteht, haben wir schon gesehen. Stets handelt es sich um Luftmassen, die sich gegen andere Luftmassen in Bewegung setzen. Meist versteht man unter einem Wind eine waagerecht verlaufende Luftbewegung, wogegen wir eine Bewegung in der Senkrechten «Strömung» nennen. Die Ursache liegt fast stets in der sich ändernden Sonnenbestrahlung – sei es im täglichen Gang, der durch die Erdrotation entsteht, oder sei es jahreszeitlich bedingt durch den Lauf der Erde um die Sonne: überall entstehen Temperaturunterschiede und damit Luftdruckunterschiede. Einmal handelt es sich nur um geringe Luftbewegungen, dann aber wieder um Luftmassen größten Ausmaßes.

Nicht allein die astronomischen und meteorologischen Umstände setzen die Winde in Schwung und verändern sie; auch die örtlichen Gegebenheiten wie Berg oder Tal, Wald oder Acker, Wiese oder See im Kleinen, Gebirgszüge, Kontinente oder Meere im Großen sind mitbestimmend. Da kein See dem andern und kein Berg dem andern gleicht und jeder Gebirgsstock seine Eigenheiten aufweist, hat auch jede einzelne Landschaft ihre charakteristischen Wetterverhältnisse.

Der Schwarzwald hat sein eigenes Wetter ebenso wie die Schwäbische Alb, der Harz, die Norddeutsche Tiefebene, die Küstengebiete usw. So haben auch die typisch örtlichen Winde jeweils ihre Eigennamen bekommen. Im ungestörten täglichen Rhythmus wird in bergigem Gelände tagsüber durch Erwärmung ein Talwind gehen, das heißt eine Luftströmung vom Tal den Hang entlang aufwärts ziehen. Entsprechend bemerken wir dort abends oder nachts durch Abkühlung einen Berg- oder Hangwind, das heißt eine Strömung vom Berg ins Tal hangabwärts. Genauso gibt es Pass- und Jochwinde, die je nach Tageszeit und Wetterlage verschieden sind.

Am Gardasee gibt es einen typischen Tageswind, Ora genannt, im Höllental bei Freiburg ist der abendliche talabwärts gerichtete Wind als Höllentäler bekannt. Ähnlich gibt es am Fuß der Schwäbischen Alb in den ersten Abend- und Nachtstunden sehr häufig starke Hangwinde, die einige Kilometer weiter im Vorgelände nicht mehr wahrzunehmen sind.

Bekannt ist auch der Mitternachtswind am Starnberger- und Ammersee. An der Adria weht die kalte, trockene und böige Bora.

Im alten Griechenland wurden die Winde je nach ihrer Windrichtung bezeichnet: der Nordwind Boreas, der Ostwind Eiros und der feuchtwarme Westwind Zephir. In den Anden gibt es einen starken Passwind, die Junta, und in Argentinien bläst der kalte Pampero. Während dieser trocken ankommt, bringt der Suracon in Bolivien Regen mit. Berühmt ist der warme Schirokko in Italien, der auch in Palästina, Arabien und Mesopotamien als trockener Wüstenwind bekannt ist. In Ägypten weht der Chamsin, auch ein heißer, trockener Wüstenwind, und in der Sahara Libyens bläst der Gibli, die alle meist Sand und Staub mit sich führen.

Dies nur als kleine Auslese der mannigfaltigen Luftbewegungen unserer Erde, die bei entsprechenden Gegensätzen nicht mehr als Wind, sondern als Sturm oder Orkan auftreten. Hat ein Wind eine höhere Geschwindigkeit als 20 Meter in einer Sekunde, bezeichnet man ihn als Sturm, bei mehr als 33 Meter pro Sekunde als Orkan.

Vor allem in den Auseinandersetzungen der Luftmassen zwischen Kontinent und Meer und vorwiegend in den äquatorialen Zonen können Stürme von katastrophaler Wirkung entstehen. In äquatorialen Zonen sind auf dem Atlantik und in Mittelamerika die Hurrikane, auf dem Pazifik und dem Indischen Ozean die Taifune und Zyklone berüchtigt.

Die durch sehr starke Temperatur- und Druckunterschiede in Gang gesetzten Luftmassen bewegen sich meist wirbelartig fort, wobei oft in den Wirbeln durch Sogwirkung über dem Meer Wassermassen und über Land Sand und Staubmassen hochgezogen werden. Wirbelstürme sind in ihrer Fortbewegung im Allgemeinen linksdrehend, das heißt, sie ziehen von Ost über Nord nach West, um aber nördlich des Wendekreises eine umgekehrte Richtung einzuschlagen.

Bei starken Stürmen, die gegen die Küsten anlaufen, können die auf See entstandenen hohen Dünungswellen in trichterförmigen Flussmündungen und Buchten zu Flut- und Überschwemmungskatastrophen führen, vor allem dann, wenn in diesen Stunden gleichzeitig Flut herrscht und diese durch den Mond hervorgerufene Bewegung der

Wassermassen sich mit der Zugrichtung des Sturmes deckt. Besonders gefährlich werden die Auswirkungen, wenn zudem noch Vollmond oder Neumond herrscht und somit eine besonders hohe Flut, eine so genannte Springflut, das Wettergeschehen abermals verstärkt. Die größten geschichtlichen Katastrophen dieser Art ereigneten sich 1737 im Gangesmündungsgebiet und 1970 in Bangladesch; beide Male fanden etwa 300 000 Menschen den Tod.

In diesem Zusammenhang sei auch der Blizzard erwähnt, ein kalter Schneesturm Nordamerikas, der durch Kaltluftmassen entsteht, die sich von Norden nach Süden über den Kontinent ergießen. Da im Westen der Vereinigten Staaten die Kordilleren stehen, können diese Luftmassen nach der Seite nicht abfließen; im Gegenteil: sie werden durch die Rechtsablenkung, die durch die Erdrotation bedingt auf der Nordhalbkugel herrscht, nach Westen gegen die Kordilleren gedrückt und somit immer weiter nach Süden verfrachtet. Es können dort große Schneestürme noch im späten Frühjahr auftreten, und zwar in geographischen Breiten, auf denen dies in Europa nicht denkbar wäre. Während dort der nordsüdlich gerichtete Gebirgszug Kaltluftmassen weit nach Süden führt, steht in Europa der Ost-West-Zug der Alpen als Hindernis den von Norden anfließenden Kaltluftmassen entgegen.

Es ist also nicht verwunderlich, wenn wir am Nordrand der Alpen durch Stau tagelang Regenwetter beobachten, während wir nur durch einen Tunnel nach Süden hindurchzufahren brauchen, um festzustellen, dass dort zur gleichen Zeit beständiges, schönes Wetter herrscht.

Sehr regelmäßige Winde sind auf unserer Erde längs des Äquators die bekannten Passate, die dadurch entstehen, dass die am Äquator hochsteigenden Warmluftmassen an der Erd- und Meeresoberfläche von Norden und Süden durch Sog ersetzt werden, sodass nördlich und südlich des Äquators stets Winde zu verzeichnen sind, die zum Äquator streichen. Da aber wieder die ablenkende Kraft der Erdrotation mitwirkt – auf der Nordhalbkugel nach rechts, auf der Südhalbkugel nach links, gibt es keinen Nord- und Südpassat, sondern einen Nordost- und Südostpassat. In den gemäßigten Breiten gibt es auf See die «Braven Westwinde» auf der Nordhalbkugel und die «Heulenden Vierziger» auf der Südhalbkugel. Wer sich auf einer geographischen Breite von 40 Grad Süd auf See befindet und den Wind in den Takelagen heulen hört, versteht, warum dieser Wind zu diesem eigenartige Namen gekommen ist.

Der Mistral ist ein Wind bzw. Sturm in der Rhonemündung, entstanden aus der Düsenwirkung dieses Tales, in das die kalten Luftmassen aus den angrenzenden Bergen einfließen. Der damit stets aus Norden wehende Wind ist durch seine Zerstörungen berüchtigt. Pappelalleen, die zum Schutze von Eisenbahnlinien gepflanzt wurden, zeigen eine deutliche Krümmung in der vorherrschenden Windrichtung.

Eine besondere Gruppe von Winden sind die Monsune, jahreszeitlich bedingte Vorgänge im Großen, ähnlich den kleinen Luftzirkulationen beim Tagesgang an der Küste. Der Monsun ist ein typischer Frühsommerwind, der entsteht, wenn der Kontinent gegenüber dem Meer im Frühjahr stärker erwärmt und ein entsprechend starker Sog die Luftmassen vom Meer zum Lande führt.

Am bekanntesten ist die Wirkung im Himalaja, wo Ende Juni oder Anfang Juli der Monsun gegen die Berge anstürmt und durch Stau und Hebung in den Höhen des Himalaja die gefürchteten Schneestürme mit sich bringt. Auch in Europa ist in manchen Jahren deutlich eine monsunartige Wetterlage zu bemerken, vor allem dann, wenn das Frühjahr sehr trocken und heiß ist. Dann wird sich in der zweiten Hälfte des Juni eine Luftbewegung ausbilden, die vom Meer her – also vorwiegend aus westlichen Richtungen – feuchte Luftmassen nach Europa führt. Die Folge sind dann kühle, regnerische Sommer. Wir können dann sofort eine weitere, umkehrende Schlussfolgerung ziehen: Wenn das Frühjahr kühl und regnerisch ist, wird sich der Monsun nicht einstellen, und ein schöner, trockener Sommer kann die Folge sein. Wie weit allerdings lang anhaltende Trockenheit, staubige Luft und Wassermangel als schön zu bezeichnen sind, mag dahingestellt bleiben.

Der Wind wird zum Segen, wenn er Luftmassen führt, die genügend Feuchte haben und die, durch Unebenheiten der Erdoberfläche abgebremst, gehoben werden und damit Niederschläge ergeben. Selbst Hecken, Wälder und kleine Anhöhen spielen hierbei eine große Rolle. Der Wind kann aber auch jedes pflanzliche Leben zerstören, wenn er ohne Hindernisse trocken über das Gelände braust oder gar die ganze Ackerkrume mitnimmt.

Eine Eigenart des Windes sei noch erwähnt, nämlich die Böigkeit, der wir schon in den vorhergehenden Kapiteln verschiedentlich begegnet sind. Es handelt sich dabei um unregelmäßige Geschwindigkeiten des Windes bzw. um ein rasches, oft plötzliches und starkes Ansteigen des Winddruckes. Je stärker die Winde sind – eine Geschwindigkeit von 6 bis 7 Meter pro Sekunde mindestens vorausgesetzt –, desto eher ist auch die Möglichkeit für einen böigen Wind gegeben, wie wir dies so markant bei den einbrechenden Kaltluftmassen gesehen haben. Auch plötzliche Änderungen in der Windrichtung sind hierbei zu bemerken. Der Vollständigkeit halber soll erwähnt sein, dass man Winde stets mit der Richtung bezeichnet, aus der sie kommen.

Zum Schluss wollen wir uns noch mit dem Föhn, dem vielleicht interessantesten Wind beschäftigen, den wir am Nordrand bzw. im Vorland der Alpen beobachten. Es sei aber betont, dass föhnartige Winde auch sonst auf der Erde vorkommen. Er entsteht dort, wo Luftmassen hohe Berge überqueren und abfallend in die Täler vorstoßen. Der Föhn ist also ein Fallwind, wobei es an sich nicht wesentlich ist, dass er aus Süden kommt, denn es gibt auch in Norditalien einen Föhn, den so genannten Nordföhn, der also aus umgekehrter Richtung weht. Entscheidend ist nicht die Richtung, sondern das Übersteigen eines Gebirgsstocks.

Dass natürlich Luftmassen, die vielleicht aus den Gebieten der Sahara kommen, an sich schon wärmer und trockener sind als Luftmassen, die von Norden aus Deutschland her die Alpen in Richtung Italien überqueren, liegt auf der Hand.

Wir wissen, dass bei einer charakteristischen Föhnlage die Luft nicht nur warm, sondern ausgesprochen trocken ist, dass eine gute Fernsicht und ganz eigene Wolkenformen an den Bergen zu beobachten sind. Die typischen Föhnwolken haben meist lanzett- oder zigarrenartige Formen, die oft am Rande eigenartig schillern. Oft hängen sie wie kleine Schiffchen im tiefblauen Himmel, manchmal auch in einzelnen Streifen übereinander. Die Segelflieger am Nordrand des Riesengebirges, wo ähnliche Föhnerscheinungen auftreten, bezeichnen sie mit dem originellen Namen Moazagotl-Wolke. Wie die Austrocknung erfolgt, soll die Abbildung 11 erläutern.

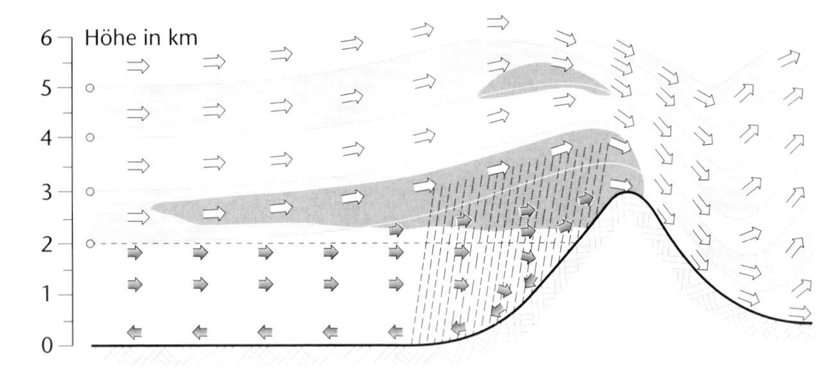

Abbildung 11. Die Entstehung der Föhnwetterlage.

Die Voraussetzung für den Südföhn ist also eine starke, warme Luftmasse, die von Italien kommend die Alpen überquert. Wir wollen hierzu in der Abbildung 11 einen Berg als Musterbeispiel betrachten. Seine Talsohle möge bei 1000 Meter Meereshöhe liegen und sein Gipfel 3000 Meter hoch sein. Von Süden, das heißt in der Skizze von links, strömen nun die Luftmassen gegen den Berg an und werden durch Stau gehoben. Wir beginnen in unserem Beispiel mit einer Bodentemperatur von + 15 Grad Celsius und werden – wenn wir die Luftmasse begleiten – eine entsprechende Abnahme der Temperatur bei jeweils 100 Meter Höhenunterschied um rund 1 Grad Celsius feststellen (im Durchschnitt bei trockener Luft nur 0,9 Grad Celsius). Die Wetterlage soll so sein, dass in einer Höhe von 2000 Metern Wolkenbildung einsetzt und dass weiter höher am Berg Niederschlag fällt.

Die Gründe für Wolkenbildung, Vereisung und Niederschlag sind uns ja bekannt. Also: von 1000 bis 2000 Meter sind wir unter den Wolken, darüber bis zum Gipfel in den Wolken.

Wenn also die Temperatur in dem genannten Maße absinkt, so sind es von 1000 bis 2000 Meter 10-mal 100 Meter Höhenunterschied, und die Temperaturen gehen um 10-mal 1 Grad Celsius, das heißt um 10 Grad Celsius zurück. In 2000 Meter Höhe werden also noch + 5 Grad Celsius gemessen. In diesem Maße geht aber die Temperatur im feuchten Wolkenbereich am Berg nicht zurück. Innerhalb der Wolken nämlich, also in feuchtigkeitsgesättigter Luft, sinken die Temperaturen auf je 100 Meter

Höhenunterschied nur um rund ½ Grad Celsius. Dies überrascht vielleicht; doch brauchen wir uns nur vorzustellen, dass die Wärmemengen, die vorher notwendig waren, um das Wasser zu verdunsten, das heißt vom flüssigen in den gasförmigen Zustand überzuführen, nunmehr beim gegenläufigen Vorgang, wenn das «Wassergas» sich wieder verflüssigt, auch wieder zur Verfügung stehen. Wie also zum Verdunsten stets Wärme gebraucht wird, wird beim Verflüssigen Wärme wieder gewonnen. Die Folge ist, dass innerhalb der Wolkengebiete die Temperaturen nicht in dem Maße zurückgehen wie außerhalb der Wolken.

Genau sind es meist 0,6 Grad Celsius, um die je 100 Meter Höhe in der Wolkenluft die Temperatur zurückgeht; doch auch hier wollen wir der Einfachheit halber mit 0,5 Grad Celsius rechnen. Es sind dann von 2000 Meter bis zum Gipfel wieder 10-mal 100 Meter, diesmal aber 10-mal ½ Grad Celsius, das sind 5 Grad Celsius Temperaturabnahme, sodass wir am Gipfel genau die Nullgradgrenze erreichen. Was darüber ist, müssen also Eiswolken sein oder Wasserwolken, die «unterkühlt» sind.

Unsere kleinen Wassertröpfchen können nämlich Minustemperaturen annehmen, ohne sofort zu gefrieren. Diese so genannten unterkühlten Wolken waren früher bei der Fliegerei sehr gefürchtet, als es noch keine Enteisungsanlagen gab; durch Anfrieren solcher unterkühlter Wassertröpfchen konnte nämlich ein Flugzeug mit der Zeit zu schwer werden und abstürzen. Auch der Ballon- oder Zeppelinfahrer kennt diese Gefahr genau. Der Absturz des André'schen Ballons bei der verunglückten Nordpolexpedition 1897 sowie der Absturz des Luftschiffes Italia unter Nobile im Jahr 1928 sind auf solche Vereisungen zurückzuführen. Vorwiegend treten sie in den Übergangsjahreszeiten auf.

Wäre der Berg in unserem Beispiel noch höher, kämen wir aus dem Regenbereich in den Schneebereich. Die feuchten bzw. vereisten Luftteilchen ziehen nun über den Berg hinweg und strömen auf die rechte, nördliche Seite hinüber. Da die Luftmassen meist wesentlich höher reichen, werden sie in starkem Zug hoch über die Berge ziehen und damit nach einiger Zeit sogartig auch das Tal bestreichen; sonst wäre es nicht verständlich, warum die nachher so warme Luft als leichtere den Talgrund erreicht.

Hebung der Luft bedeutet Wolkenbildung; entsprechend wird das Abgleiten und Fallen der Luft am Berghang Wolkenauflösung mit sich bringen; denn nach unten geführte Luft wird stets wärmer und kann damit, «kräftiger werdend», wieder mehr «Wassergas» in sich tragen und somit die Wolken aufschlucken. Sofort beginnen die über dem Gipfel noch geschlossenen Schichten zu zerfallen und sich aufzulösen, so, wie wir es eingangs beschrieben haben. Der Beschauer von Norden sieht dann über den Bergen die charakteristische Föhnmauer, er selbst aber hat über sich blauen Himmel.

Wenn nun die Luft von 3000 auf 1000 Meter hinabstreicht, so durchmisst sie ausschließlich trockene Räume, da ja dort, in der Abbildung 11 rechts, keine Bewölkung vorhanden ist. Hier gilt also wieder die Temperaturabnahme bzw. hier -zunahme von 1 Grad Celsius auf 100 Meter. Die Temperaturen nehmen auf dieser Strecke (20-mal 100 m) um 20-mal 1 Grad Celsius zu, also von 0 Grad Celsius auf + 20 Grad Celsius. Wir finden das überraschende Ergebnis: dieselbe Luftmasse, die links am Berg mit +15 Grad Celsius anlief, hat nunmehr auf derselben Meereshöhe nach Überschreiten des Berges +20 Grad Celsius. Da die Feuchte auf der Südseite des Berges als Regen hängen geblieben ist, kommt die Luft auf der Nordseite nicht nur wärmer, sondern auch wesentlich trockener an. Die Austrocknung der Luft kann so stark werden, dass der Mensch sie empfindet und dann einer besonderen Gereiztheit unterworfen ist.

Da die Luftmassen der echten Föhnlagen warm sind und in ihren Hebungsvorgängen bis acht Kilometer reichen können, wird nach ein- bis zweitägiger Föhnlage so viel Eisgewölke in diesen Höhen über die Berge transportiert, dass auch im Vorland, das heißt also im Norden der Alpen, Eintrübung und Niederschlag folgen. Der Föhn ist somit stets ein Vorbote für Regenwetter.

Foto 1: Eis- und Wasserwolken auf einem Bild: Die Cumuluswolken im Hintergrund links sind eigentlich Schönwetterwolken, doch die dichter werdenden Cirruswolken über dem Baum, die möglicherweise auch durch sich ausbreitende Kondensstreifen entstanden sind, deuten jedoch auf feuchtere Luft in großen Höhen und eine mögliche Wetterverschlechterung hin.

Foto 2: Schönwetterwolken über Oberhausen, die Quellwolken breiter als hoch: Hier wird wohl an diesem Tag kein Regen zu erwarten sein.

Foto 3: Ein bisschen wie Independence Day, aber in Wahrheit das Hamburger Unwetter in den Morgenstunden des 9. Juni 2004.

Foto 4: Eine Gewitterwolke über den amerikanischen Plains:
Die Meteorologen des ARD-Wetterstudios bilden sich in Nordamerika weiter, um Unwetter noch besser vorhersagen zu können.

Foto 5: Wenn Sie morgens diese Wolken sehen, gibt es mit hoher Wahrscheinlichkeit Gewitter in den kommenden 24 Stunden: Altocumulus floccus.

Foto 6: An einem Bergkamm weht einem hier der Wind entgegen, die Föhnmauer markiert den Stau an der anderen Bergseite, die Wolken lösen sich beim Absinken in Richtung des Lesers föhnig auf.

Foto 7: Ein bedrohlicher Himmelsanblick vor einer Kaltfront über Karlsruhe: Diese Wolken bringen Regen, der schauerartig verstärkt und von kräftigen Böen begleitet sein wird.

Foto 8: Ruhiges Wetter im Winterhalbjahr mit kaltem Dunst in den Tälern und warmer, trockener Luft in der Höhe – eine umgekehrte Temperaturschichtung, also Inversion

Foto 9: Fast unsichtbar dünne Schleierwolken führen zu Brechungserscheinungen der Sonne an den Eiskristallen, die unter dem Oberbegriff «Halo» beobachtet werden – vom Ring um die Sonne bis zur Nebensonne.

Foto 10: Ein heller runder Fleck rund um den Schatten eines Objekts heißt Glorie, sie wird durch Streuung des Sonnenlichts an Wolkentröpfchen verursacht – bekannt sind die Glorien, die Harzbesucher am eigenen Schatten beobachten («Brockengespenst»).

Foto 11: Eine Fuldanet-Wetterstation des ARD-Wetterstudios vor imposanter Kulisse mit Eiger und Mönch. Hier am Lauberhorn erreicht der Föhnsturm manchmal 250 km/h.

Foto 12: Jörg Kachelmann und Bart Kotowick (rechts) bei der Vorbereitung eines Radiosonden-Aufstiegs: Der Ballon platzt erst in 30 km Höhe.

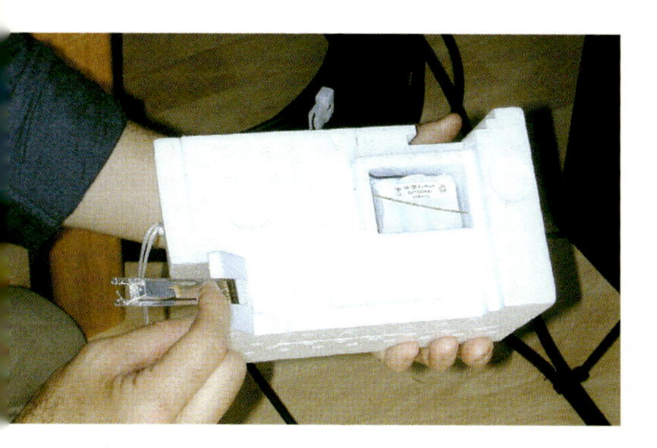

Fotos 13 bis 15: Das Graw-Radiosonden-System: Oben die Sonde, die an den Ballon gehängt wird, in der Mitte der Anzeigemonitor mit den Auswertegraphiken und Tabellen, die den Radiosondenaufstieg dokumentieren (unten).

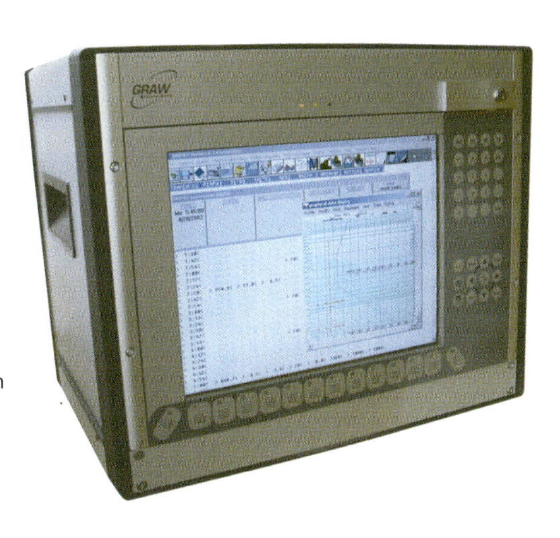

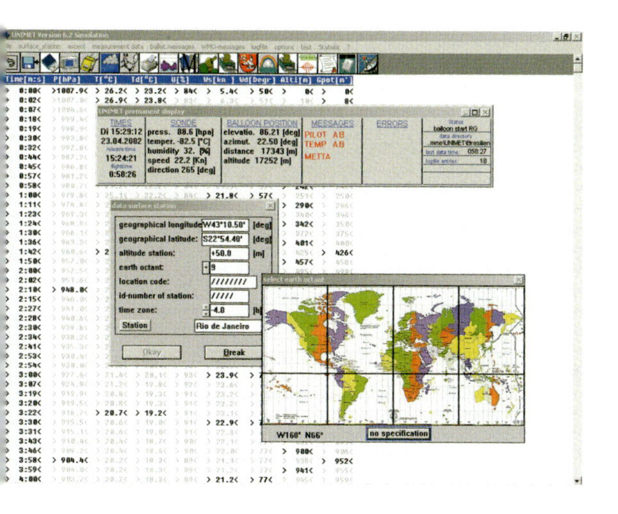

Foto 16: Regenmessung ist nicht problemlos: An windigen Standorten helfen Lamellen um den Regenmesser herum, dass der Regen nicht horizontal über den Regenmesser hinweggepustet wird – und am Regenmesser selbst hindert eine Drahtkonstruktion Vögel bei der Landung, um das Gerät sauber zu halten.

18. Nebel und Niederschläge

Eine Form des Nebels haben wir schon kennen gelernt, nämlich den leichten, durchsichtigen Bodennebel. Zwischen starkem Dunst und Nebel gibt es alle Übergänge – irgendwie müssen wir aber doch die beiden Begriffe voneinander unterscheiden. In der Wissenschaft ist es üblich, von dunstiger Luft oder Dunst zu sprechen, solange man noch mehr als einen Kilometer weit sehen kann. Ist die Sicht aber stärker behindert, das heißt, können wir nur noch 900 Meter oder weniger weit sehen, dann spricht man von Nebel; der Nebel kann so dicht werden, dass man tatsächlich nur noch wenige Meter weit sieht – er wird dann zum Verkehrsproblem. Wir wollen den Ausdruck «Nebel» indessen nicht benutzen, wenn der Bergsteiger in den Alpen in den Wolken steckt. Es ist üblich, von «Nebel» nur dann zu sprechen, wenn er im flachen Gelände wie eine Bodenwolke aufliegt.

Der gewöhnliche Nebel kann genau wie der niedere Bodennebel entstehen: durch einen Abkühlungsprozess des Bodens und der bodennahen Luftschichten. Er ist dann nichts anderes als die Fortsetzung und Verdichtung des Bodennebels. Je nach den Temperatur- und Feuchtigkeitsverhältnissen in der Luft wird ein solcher Nebel – vorwiegend im Herbst, Winter oder Frühjahr – schon abends, nachts oder spätestens am Morgen auftreten, vorausgesetzt, dass der Himmel klar oder ohne wesentliche Bewölkung ist, denn sonst könnte durch die fehlende Ausstrahlung die notwendige Abkühlung nicht erfolgen.

Entsteht der Nebel schon abends – sei es als Tal- oder als Seenebel –, so wird er am darauf folgenden Morgen eine beträchtliche Höhe von vielleicht 100 bis 200 Metern erreichen können, denn er wächst ja mit der Abkühlung stetig vom Boden aus nach oben. Kommt dann am Vormittag im September oder Oktober am wolkenlosen Himmel die Sonne hoch, wird es ihr gelingen, ihre Strahlen durch den Nebel hindurch auf den Erdboden zu senden, diesen zu erwärmen und damit einen Erwärmungs- bzw. Auflösungsprozess von unten her in die Wege zu leiten. Der Nebel löst sich also, genau wie er entstanden ist, auch von unten her wieder auf. Die Reste treiben dann noch einige Zeit in einzelnen Schwaden zwischen 100 und 200 Meter über uns, bis sie sich vollends auflösen. Unter Umständen können sich aber aus diesen Nebelresten kleine Haufenwolken entwickeln, wie wir sie in Kapitel 1 und 2 gesehen haben.

Die Nebelvorgänge sind also deutlich an den Tagesgang gebunden und setzen klares Wetter voraus.

Nun gibt es einen alten Wetterspruch: «Wenn der Nebel hinaufgeht, gibt es schlechtes Wetter.» Es liegt dann folgende Wetterlage vor: Wir bemerken an einem Oktobervormittag, dass sich der Nebel nicht auflöst, dass er aber in ungefähr 100 Metern oder mehr sich noch über uns als geschlossene Schicht befindet. Dadurch wird der Eindruck erweckt, als ob die dort beobachtete Nebelschicht von unten nach oben gestiegen wäre. In Wirklichkeit hat die Sonne den Raum um uns, das heißt also die bodennahe Luftschicht, durch Erwärmung vom Nebel befreit, während die höheren Schichten von der Erwärmung nicht mehr erfasst wurden und bestehen blieben. Wenn wir genau beobachten, werden wir feststellen, dass ein Nebel nie hinaufzieht, sondern dass er stets nur hinaufwächst oder von unten her sich auflöst. Hangaufwärts treibende Wolkenfetzen in den Bergen haben damit nichts zu tun.

Dass der Nebel sich nur ein Stück weit von unten her auflöst, wird dann geschehen, wenn hoch darüber eine Wolkenschicht aufzieht, die die weitere Sonnenstrahlung abschirmt und die restliche Nebelauflösung verhindert. Da eine solche Wolkenschicht eine bestimmte Mächtigkeit haben muss, kann es sich nur um einen Warmluftaufzug handeln, der im weiteren Verlauf des Tages oder am darauf folgenden Tag Niederschlag bringt. Dieses Regenwetter wird also nicht von dem «hinaufgegangenen» Nebel erzeugt, sondern durch eine neu herangeführte Wetterlage. Diese hat die Nebelauflösung verhindert; wir können diesen Umstand als Anzeichen für Regenwetter deuten.

Befinden wir uns im späteren Herbst, im November oder im Dezember, wenn die Sonne über Mittag nur noch geringe Höhen erreicht, wird ihre schräg einfallende Strahlung so schwach sein, dass sie den Nebel über Mittag nicht mehr aufzulösen vermag. Wir beobachten wohl in den Nachmittagsstunden, dass der Nebel am Boden etwas lockerer wird, aber mit der abendlichen Kühle wird er wieder dichter: Wir geraten in die oft tagelang andauernden Nebellagen hinein. Der Nebel erreicht dann eine beträchtliche Höhe und wird folglich als Hochnebel bezeichnet.

Von unten her sieht man stets ein Stück weit durch den Nebel hindurch; vielleicht auch ist die Luft durch kleine Bodenwinde unmittelbar über dem Boden etwas durchgewirbelt – dann entsteht meist der Eindruck, der darüber liegende, dichte Hochnebel beginne erst in einer bestimmten Höhe. Diese Hochnebellagen, die sogar wochenlang dauern können, sind also nur möglich, wenn darüber schönes Wetter herrscht und keine Luftmassen durch ihre Bewegung, das heißt durch größere Winde die Nebellage stören: Nebel und starke Winde vertragen sich verständlicherweise nicht. Es ist natürlich nicht gerade angebracht, diese Nebellagen «schönes Wetter» zu nennen; wir brauchen aber nur einige hundert Meter in das Bergland hinaufzugehen und sind schon über dem Nebel im wolken- und niederschlagslosen Schönwetter. Die Mittelgebirge weisen des Öfteren im Herbst oder Frühjahr diese Wetterlagen auf, und wer in 600 bis 800 Meter Höhe wohnt und in der «Tiefe» arbeitet, kann diese Nebellagen täglich von unten und von oben betrachten.

Nebel kann auch entstehen, wenn verschiedene Luftmassen sich langsam und ruhig durchmengen, wenn also nur geringe Temperatur- und Druckunterschiede vorhanden sind und damit keine Hebungsvorgänge einsetzen. Man spricht dann von einem Mischluftnebel, der vor allem in den Küstengebieten auftritt.

Wenn bei einer länger anhaltenden Nebellage durch weitere Abkühlung immer mehr Feuchtigkeit aus der Luft ausfällt, werden wir beim Gehen durch den Nebel bemerken, dass unsere Haare und unsere Kleider feucht werden, darüber hinaus, dass die kleinen Nebeltröpfchen sichtbar abzusinken beginnen. Man nennt dies dann nicht «regnen», sondern spricht zunächst von «nässendem Nebel» und nennt den Niederschlag selbst «Nieseln» oder «Sprühregen». Dies ist also dann ein Niederschlag, der ohne den Umweg über die Vereisung fällt, wobei das Fallen dieser sehr kleinen Tröpfchen allerdings mehr einem Herunterschweben gleicht. In den Küstengebieten können diese Nieselniederschläge sehr kräftig werden und sogar in Schauerform auftreten.

Bei den weiteren Niederschlagsformen, die wir noch kennen lernen wollen, soll uns die Abbildung 12 behilflich sein. Wir müssen uns dabei allerdings von der Vorstellung frei machen, die Temperaturen nach oben

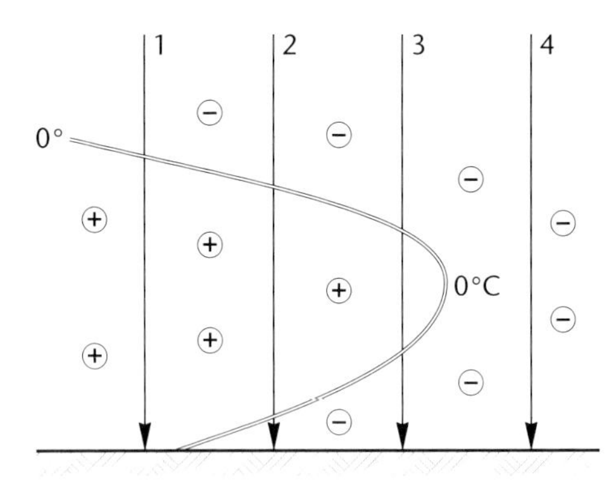

*Abbildung 12.
Verschiedene Niederschlags-
möglichkeiten.*

würden stets gleichmäßig abnehmen und immer ganz gleichmäßig geschichtet liegen.

Beim Verfolgen der Temperaturen nach oben, wie es durch die Radiosondenaufstiege geschieht, wird immer wieder festgestellt, dass hin und wieder auf eine Strecke von 50 bis 100 Metern oder auch mehr die Temperaturen nicht zurückgehen, sondern sogar ansteigen, um dann erst wieder abzusinken. Diese «Temperaturumkehr» finden wir vorwiegend direkt über dem Erdboden. Wenn wir an den täglichen Sonnengang und die damit wechselnden Bodentemperaturen denken, überrascht uns diese Tatsache nicht. Wenn in der Nacht oder am Morgen die Temperaturen am Boden stark absinken, werden in der Höhe die Temperaturen diesen schnellen Wechsel nicht mitmachen und damit höher als am Boden sein.

Die Abbildung 12 soll darstellen, wie eine wärmere Luft sich von links wie ein Keil in eine kältere Luft hineinschiebt, wobei also innerhalb des Keils positive und außerhalb negative Temperaturen herrschen. Die senkrechten Striche 1 bis 4 sollen fallenden Niederschlag andeuten, sei es, dass wir uns die vier Fälle als Einzelfälle betrachten oder das gesamte Bild als eine Wetterlage, die sich von links nach rechts großräumig über den Beobachter hinwegschiebt.

Fall 4 ganz rechts ist wohl der einfachste: In großen Höhen bei negativen Temperaturen hat sich Eis gebildet, das zu fallen beginnt und ungestört als Schnee – meist in sechsstrahligen Sternchen – den Boden erreicht. Dies ist der Normalfall des winterlichen Schnees. Dann betrachten wir den Fall ganz links: Dort fällt das Eiskorn in den positiven Raum, wird zum Schmelzen gebracht und erreicht als Regentropfen den Boden. Dies ist dann der Normalfall des sommerlichen Regens.

Etwas komplizierter sind nun die beiden mittleren Fälle. Betrachten wir zunächst Fall 3, in dem das Eiskorn in den positiven Raum fällt, vielleicht aber nicht ganz zum Aufschmelzen gebracht wird. Gleich darauf kommt es auf seinem Fallweg wieder in negative Temperaturen, sodass das nur halb geschmolzene Produkt wieder Frosteinflüssen ausgesetzt ist. Dann entstehen die allerdings nicht sehr häufigen kleinen, weißlichen und undurchsichtigen Eiskörnchen, die man als Griesel oder – wenn sie größer als ein Millimeter sind – als Reifgraupel bezeichnet. Die Grieselkörnchen springen vom Boden nicht auf, während die etwas größeren Bällchen der Reifgraupel dies zu tun pflegen. Die Reifgraupeln dürfen wir aber nicht verwechseln mit den Frostgraupeln, die wir im Zusammenhang mit der Hagelentstehung Seite 74 schon besprochen haben.

Zuletzt noch Fall 2: Das Aufschmelzen kann ganz erfolgen, da der Weg durch den positiven Raum lange genug ist und somit ein Regentropfen entsteht wie bei Fall 1. Aber dann taucht der voll aufgeschmolzene Regentropfen vor dem Erreichen des Bodens noch einmal in den negativen Raum ein. Der Regentropfen wird abgekühlt und kann unter Umständen Temperaturen von 5 oder 10 Grad Kälte annehmen, ohne dass er in der Luft wieder zu Eis erstarrt. Man spricht dann von «unterkühltem» Regen, den wir schon im vorigen Kapitel kennen lernten.

Erreicht dieser kalte Regen den Boden, so gefriert er sofort und überzieht den ganzen Boden, alle Sträucher und Gegenstände mit einer feinen, klaren Eisschicht. Dann entstehen die gefürchteten Glatteislagen, denn echtes Glatteis entsteht nur so und nicht durch glatt getretenen oder glatt gefahrenen Schnee. Der Straßenzustandsbericht unterscheidet ja auch wohlweislich zwischen Glatteis und Schneeglätte. Dieses echte Glatteis, das glücklicherweise nicht allzu oft vorkommt, kann sich allerdings auch dann bilden, wenn Regen von 0 Grad Celsius oder wenigen Wärmegraden auf einen Boden auftrifft, der gefroren ist; dann werden die Regentropfen ebenfalls sofort anfrieren. Fällt der unterkühlte Regen in den Morgenstunden, so wird das Glatteis meist im Laufe des Vormittags wieder aufgelöst, bzw. die nachfolgende wärmere Luft bringt diesen Eisbelag zum Schmelzen. Alle Griesel-, Reifgraupel- und Glatteiserscheinungen deuten stets auf weitere Erwärmung und Tauwetter hin.

Zum Abschluss dieses Kapitels wollen wir noch einige Sonderfälle besprechen. Bei sehr großem Frost, das heißt bei richtigen Winterlagen von ca. minus 20 Grad Celsius, kann die Feuchtigkeit der Luft durch die starke Kälte sofort in Form von feinen Eisnadeln ausfallen. Man kann dann am klaren, blauen Himmel ein feines Glitzern von fallenden Eiskristallen beobachten. Da die Auskühlung am Boden am stärksten ist, entstehen diese Eiskristalle nicht in großer Höhe, sondern in wenigen Metern über dem Erdboden, sodass man fast zuschauen kann, wie sich die Kristalle bilden. Man spricht dann von Polarschnee.

Der Reif ist uns schon im Kapitel 12 begegnet; wir haben dort auch über den Tau gesprochen. Dieser Reif bildet sich aber nicht nur am Boden. Wir können ihn vor allem in den Mittel- und Hochgebirgen auch an allen Gegenständen, Pflanzen und Bäumen finden. Die Reifüberzüge bestehen meist aus feinen langen Eisnadeln, die von den Gegenständen abstehen. Bringt bei Frosttemperaturen der Wind genügend Feuchte mit, die sich zusätzlich überall in Eisform absetzt, so entstehen die oft bizarren Gebilde des Raureifes und des Raufrostes. Diese Eisformen entstehen also durch Anfrieren der Feuchtigkeit an den Gegenständen vorwiegend auf der Seite, von der die Luft herangeführt wird, das heißt: Die Eisgebilde wachsen dem Wind entgegen.

Man unterscheidet den Raureif in seiner lockeren, kristallinen Form vom Raufrost, der schwere, große, feste und körnige Gebilde aufweist. Diese Raureif- und Raufrostlandschaften, die wir insbesondere vom Schwarzwald oder vom Riesengebirge her kennen, gehören zum Eindrucksvollsten, was ein Skifahrer oder Bergwanderer im Winter erleben kann.

Spuk in der Atmosphäre

19. Luftspiegelungen

Immer wieder einmal lesen wir in den Tageszeitungen von merkwürdigen, seltenen oder rätselhaften Himmelserscheinungen. Geht man diesen Vorgängen nach, erkennt man, dass es sich um ganz natürliche optische Vorgänge handelt, die sich unseren Augen in der Lufthülle darbieten. Die Erscheinungen, die wir in diesem Abschnitt besprechen, sind keineswegs so selten, wie viele glauben. Die Seltenheit liegt darin, wie oft bzw. wie wenig die Menschen heute noch in der Natur richtig beobachten. Bisweilen werden Dinge als «ungeklärt» oder «noch nie da gewesen» hingestellt, die unseren Großeltern ganz bekannte Naturerscheinungen waren.

Wir beginnen mit einem Erlebnis, das ich als junger Schüler einmal in Stuttgart hatte: An einem brütend heißen, windstillen Sommernachmittag kam über einer asphaltierten Straße, die zu der damaligen Zeit (1920) überhaupt keinen Verkehr aufwies, wie ein Spuk am helllichten Tage der Oberkörper einer Frau mit dem Kopf nach unten in einer verschwommenen Umgebung lautlos dahergeschwebt. Ehe ich mich von meinem Schreck erholt hatte, war die Erscheinung auch schon wieder vorüber. Kurze Zeit danach kam dieselbe Frau zum zweiten Mal, nun aber aufrecht in ganzer Person und in Wirklichkeit. Ohne Zweifel handelte es sich jedes Mal um dieselbe Person, wobei allerdings die erste Erscheinung keine Wirklichkeit war, sondern eine Luftspiegelung im wahrsten Sinn des Wortes. Wir kennen diese Luftspiegelungen unter dem Namen Fata Morgana vorwiegend aus der Wüste, wo sie wesentlich häufiger auftreten als in unseren Gegenden.

Dass wir uns in einem ruhigen Wasser spiegeln können, ist bekannt. Lichtstrahlen, die das Wasser treffen, werden an der Oberfläche zu einem großen Teil zurückgestrahlt, sie kommen dann unter dem Winkel zurück, unter dem sie aufgetroffen sind.

Auch in der Luft können sich Schichten bilden, die spiegeln. Voraussetzung ist, dass keinerlei Wind geht und dass eine Erwärmung und Abkühlung von unten her nur bis zu einer bestimmten Höhe erfolgt ist, an der dann ein deutlicher Temperatursprung stattfindet. Da Luftschichten, die sich in der Temperatur stark voneinander unterscheiden, auch in ihrer Zusammensetzung und in ihrer Dichte verschieden sind, wirken sie spiegelnd. Man nennt eine solche Stelle in der Luft eine Sprungschicht.

Es muss sich also bei meinem Erlebnis eine solche durch starke Erwärmung von unten gebildete Sprungschicht ungefähr 50 bis 80 Zentimeter über der Straße befunden haben, sodass der über diese Schicht herausragende Oberkörper der entgegenkommenden Frau sich darin vor dem Beobachter spiegelte. Sowie irgendeine Bewegung eine solche Luftschicht stört, ist der Spuk sofort vorbei, wie es ja auch nicht möglich ist, sich in einem wellenbewegten Wasser zu spiegeln.

Bei der echten Fata Morgana der Wüste spielt allerdings nicht nur die eben erwähnte Spiegelung, sondern noch ein anderer Umstand eine Rolle. Wenn Lichtstrahlen durch solche Sprungschichten hindurchdringen, werden sie, wenn auch nur geringfügig, so doch messbar aus ihrer Richtung abgelenkt oder – wie man sagt – gebrochen. Wir kennen den Vorgang wiederum aus der Praxis mit dem Wasser, sei es, dass wir einen Kochlöffel in einen Topf hineinhalten oder unser Bein in die Badewanne. Immer sieht es aus, als ob die «Gegenstände» an der Wasseroberfläche gebrochen wären. In der Luft machen sich diese Lichtbrechungen am stärksten da bemerkbar, wo die Schichten besonders dicht sind: knapp über dem Horizont.

So ergibt sich, dass wir häufig horizontnahe Gegenstände gehoben sehen und die Sonne am Horizont noch beobachten können, obwohl sie in Wirklichkeit schon untergegangen ist. Daher auch die merkwürdigen Verzerrungen der Sonne oder des Vollmondes bei den Auf- und Untergängen.

An der Küste und auf See sind uns die Lichtbrechungen häufiger bekannt – durch eine Hebung der Kimm – als so genanntes Seegesicht, das uns Dinge zeigt, die man sonst nicht sieht, oder das uns Küste oder Schiffe knapp zweimal übereinander zeigt, einmal richtig und einmal scheinbar gehoben. Dieser Vorgang der Lichtbrechung ergibt nun zusammen mit der Spiegelung die Fata Morgana, denn dort werden dem durstigen Wüstenwanderer im Wasser sich spiegelnde Palmen vorgegaukelt, wobei diese Palmen in Wirklichkeit vorhanden sind, aber sehr viel weiter weg, und der Spiegel eben kein Wasser, sondern eine Luftschicht ist.

20. Regen- und Nebelbogen

Einen Regenbogen nehmen wir meist als freudiges Ereignis, da es zu regnen aufgehört hat und die Sonne wieder scheint. So selbstverständlich uns diese Erscheinung sein mag – sie ist es wert, etwas mehr darüber zu hören. Wie der Name sagt, geht es nicht ohne Regen, und eine starke Lichtquelle wird ebenfalls gebraucht. Wenn der Regen abzieht und die Sonne in die fallenden Tropfen hineinstrahlt, findet statt, was wir im letzten Kapitel als Brechung und Spiegelung kennen gelernt haben, im Kleinen, das heißt in den einzelnen fallenden Regentropfen.

Der weiße Lichtstrahl der Sonne verrät dabei, dass er sich aus verschiedenen, farbigen Bestandteilen zusammensetzt, die auch verschiedene Brechrichtungen haben, sodass aus einem Regentropfen kein weißer Lichtstrahl, sondern ein farbiges Strahlbündel zurückkommt. Da wir ja nur die Lichtstrahlen sehen, die unser Auge treffen, können wir die optischen Vorgänge nur jeweils von den Regentropfen beobachten, die von uns aus gesehen zur Sonne denselben Winkel bilden; das heißt, wir sehen alle gleichfarbigen Strahlen auf übereinander gelagerten Kreisbogen. Wir bekommen also aus jedem Regentropfen wie bei den Tautropfen höchstens einen Farbstrahl zu Gesicht, während die anderen an uns vorbeigehen. Jeder Beobachter hat somit seinen eigenen Regenbogen!

Bekanntlich sollen Sonntagskinder da Gold finden, wo der Regenbogen den Horizont berührt. Wahrscheinlich haben aber die Sonntagskinder diese Goldsuche längst aufgegeben, weil sie bemerkt haben, dass ihnen beim Suchen der Regenbogen davonläuft. Aus geometrischen Gründen bilden Sonne, Beobachter und Mittelpunkt des Regenbogens immer eine Linie; wenn wir also zum Bogen schauen, haben wir stets die Sonne im Rücken. Damit haben wir es vom Beobachtungsort zu den beiden Punkten, an denen der Regenbogen den Horizont berührt, auch immer gleich weit. Wenn sich ein Bogen in dem Augenblick bildet, in dem die Sonne genau am Horizont steht, sehen wir einen vollen Halbkreis über dem der Sonne gegenüberliegenden Horizont, und die Linie Sonne – Beobachter – Mittelpunkt liegt waagerecht.

Steht die Sonne aber etwas höher über dem Horizont, wird diese Linie gegen den Horizont geneigt sein und von der Sonne kommend beim Beobachter in Richtung zum Regenbogen in die Erde «hineinstechen». Das Ergebnis ist, dass dann der Mittelpunkt des Halbkreises sich theoretisch unter den Horizont begibt und wir somit keinen Halbkreis mehr, sondern nur einen Teil davon, also einen Bogen sehen können. Steht die Sonne etwa 20 bis 30 Grad hoch über dem Horizont, werden wir nur noch einen sehr kleinen Bogen tief über dem gegenüberliegenden Horizont beobachten, und bei einer Sonnenhöhe von 40 Grad und darüber gibt es überhaupt keinen Regenbogen mehr, da der Halbmesser des Regenbogens stets 41 Grad beträgt.

Es soll also niemand behaupten, er hätte im Hochsommer in Europa über Mittag einen Regenbogen gesehen. Wir erinnern uns sicher daran, dass wir die Regenbogen vorwiegend in den späten Nachmittags- oder frühen Abendstunden beobachten. Die Strahlenfolge der Regenbogen ist dabei stets so, dass sich Rot-Orange oben am Bogen, Gelb-Grün-Blau in der Mitte und das Indigo-Violett unten befinden. Wenn sich die Sonnenstrahlen in den Regentropfen zweimal brechen, dann entsteht über dem ersten ein zweiter Regenbogen mit einem Halbmesser von 52 Grad, der lichtschwächer ist und bei dem die Farbfolge umgekehrt verläuft.

Da ein Regen nicht immer gleichmäßig fällt oder die Bewölkung zerrissen sein kann, sehen wir sehr häufig von den Regenbogen nur Teilstücke. Je größer die Regentropfen sind, umso farbenprächtiger wird der Regenbogen. Was die Sonne nun bei Tag, kann auch der Mond um die Vollmondszeit bei Nacht, das heißt, es gibt nicht nur einen Sonnenregenbogen, sondern auch einen, natürlich schwächeren Mondregenbogen. Wenn auch die Farben des Mondbogens längst nicht so ausgeprägt sind wie beim Sonnenbogen, so sind sie doch erkennbar.

Und noch einen dritten Bogen gibt es in dieser Gruppe, den Nebelbogen. Da die Nebeltröpfchen zu klein sind, um die Farbzerlegung des Sonnenlichtes zu bewerkstelligen, erscheint dieser Bogen in rein weißlicher Farbe, vorwiegend in den frühen Vormittagsstunden, wenn die Sonne im Begriff ist, einen niederen Nebel aufzulösen. Die Erscheinung entsteht sehr nahe am Beobachter, über ihm oder um ihn herum, sodass man einen Nebelbogen fast «greifen» kann; aber wir wissen ja, dass solche Erscheinungen sich sofort verändern, wenn wir uns bewegen. Ich habe einmal einen Nebelbogen beobachtet, der als treuer Begleiter über längere Zeit «mitmarschierte», das heißt der Bogen bewegte sich vorweg, da die Sonne genau im Rücken stand.

21. Die farbigen Höfe

Wie die Nebelbogen in reinem Weiß erscheinen, so zeigt sich bei feuchter Luft um die Sonne und den hellen Mond – oft auch in leichter Bewölkung – ein weißlicher Schein, die Aureole. Es sind geschlossene, helle Scheine, die sich unmittelbar um Sonne oder Mond herumlegen. Sogar um die Venus und um helle Sterne kann ein solcher Schein entstehen.

Zeigt ein solcher Schein Regenbogenfarben – vielleicht sogar in mehrfachen Wiederholungen – dann spricht man von einem Kranz, der im Volksmund unter dem Namen Mondhof bekannt ist. Wenn schon das Licht des Mondes um die Vollmondszeit in der wolkenfreien, aber feuchten Luft oder an Wolken einen solchen farbigen Hof zuwege bringt, um wie viel farbenprächtiger muss dann erst ein Sonnenhof sein! Es lohnt sich also nach einer Nacht, in der wir einen Mondhof beobachtet haben, nach derselben und viel kräftigeren Erscheinung um die Sonne am Vormittag Ausschau zu halten. Bei der Beobachtung sollte man natürlich ein Blendglas verwenden oder sich auf der Straße so stellen, dass die Sonne gerade durch ein Hausdach verdeckt ist. Achtung: *Niemals* direkt oder nur mit Sonnenbrille in die Sonne schauen; das kann die Augen schwer schädigen, bis zur Erblindung.

Manchmal fallen auch die Farbringe der Sonne dadurch auf, dass man zufällig sieht, wie sich die Sonne in einem Gewässer spiegelt. Die Erklärung für die Höfe finden wir in den Lehrbüchern der Optik unter dem Kapitel «Beugung». Es werden hierbei an feuchten Teilchen die Lichtstrahlen – wie der Name es genau sagt – gebeugt. Es ist, wie wenn Wasserwellen, die durch ein Schleusentor laufen, nicht nur geradlinig weiterziehen, sondern auch seitlich zu bemerken sind. Gleichzeitig entsteht die uns schon bekannte Farbzerlegung. Da die Warmluftaufzüge die Voraussetzung für Mond- und Sonnenhof mit sich bringen, können diese Erscheinungen fast stets als Regenanzeichen gedeutet werden.

22. Schatten, Glorien und Gespenster

Merkwürdige Begegnungen erleben die Bergsteiger in Wolken oder Wolkenfetzen. Da stehen uns plötzlich gespenstische Gestalten gegenüber, die sich genau so verhalten, wie wir uns bewegen. In Wirklichkeit ist es der eigene Schatten – meist stark vergrößert –, der vom Sonnenlicht auf nahe Wolken geworfen wird. Durch die im letzten Kapitel beschriebene Beugung kann sich dann um den Kopf des Schattenbildes ein weißlicher oder farbiger Schein legen, den man auch als «Heiligenschein» oder «Glorie» bezeichnet (siehe Tafelteil). Am bekanntesten ist das so genannte Brockengespenst, das dem Wanderer im Harz meist im auflösenden Frühnebel begegnet.

Die Luftschiffer und Ballonfahrer kennen die «Luftschiffersonne», ein schattenartiges Abbild, das die Sonne vom Luftschiff oder Ballon auf Nebel oder tiefer liegende Bewölkung wirft. Um Gondel oder Korb entstehen im Schatten ebenfalls die farbigen Beugungsringe; auch hier sind es Glorien und keine Aureolen, wie in Kreisen der Ballonfahrer manchmal erzählt wird. Eine Glorie entsteht stets an dem Punkt des Schattens, an dem die Linie Sonne–Beobachter in der Verlängerung das Schattenbild trifft.

23. Halo-Erscheinungen

Die farbigen Kränze oder Höfe, die sich unmittelbar um Sonne und Mond legen, dürfen nicht mit den großen Kreisen verwechselt werden, die sich in weitem Abstand um Sonne oder Vollmond zeigen. Diese meist weißlichen großen Kreise nennt man Halo – der Name stammt aus dem Griechischen und bedeutet Kreis (siehe Tafelteil). Wir sind ihnen schon im Kapitel 8 begegnet, und es lohnt sich, sie noch eingehender zu besprechen, da sie in sehr verschiedenen Formen auftreten können. Während in den letzten Kapiteln die besprochenen Erscheinungen stets in feuchter Luft, an kleineren Tröpfchen im Nebel oder in größeren in Wolken entstehen, spielen sich alle Halo-Vorgänge in größeren Höhen ab, in den Regionen der Eiswolken, also durchschnittlich zwischen 6 und 8 Kilometern Höhe. Sie treten auf, wenn sich die Sonnen- oder Mondstrahlen in den feinen Eiskristallen der hohen Bewölkung brechen. Wir betrachten im Folgenden Abbildung 13.

Am häufigsten entsteht der Kreis (a), der eigentliche Halo. Er legt sich unter einem Halbmesser von 22 Grad um die Sonne, meist weißlich, doch auch leicht mit Regenbogenfarben, wobei Rot innen und Blau außen ist.

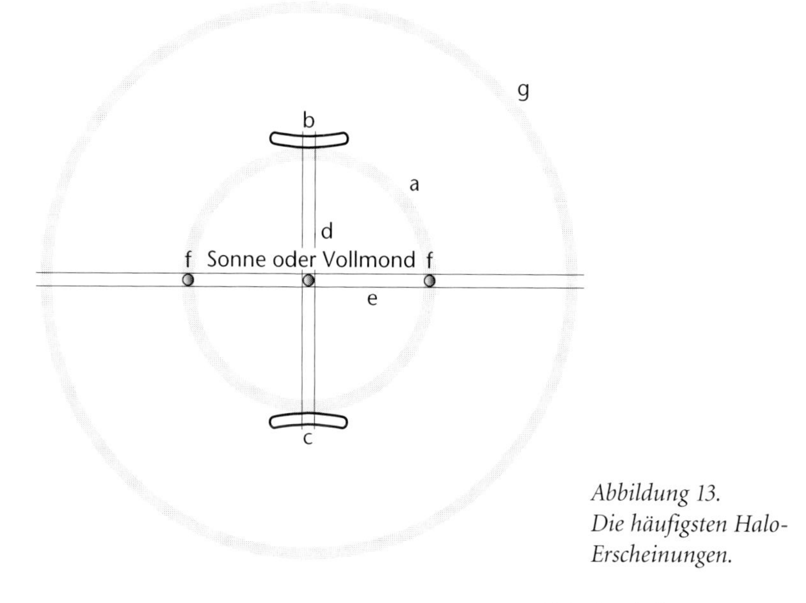

Abbildung 13. Die häufigsten Halo-Erscheinungen.

Wie schon gesagt, ist es nicht ratsam, bei solchen Beobachtungen direkt in die Sonne zu schauen, sondern sie durch einen Gegenstand – Baum, Telegraphenstange oder Haus – zu verdecken. Am höchsten Punkt des Kreises (a) kann ein kleiner Bogen (b) entstehen, der nach oben geöffnet ist. Man spricht dann vom oberen Berührungsbogen, im Gegensatz zum unteren (c), der allerdings nicht so häufig ist. Weiter kann eine weißliche, senkrechte Lichtsäule (d) entstehen, die durch die Sonne selbst geht. Als Gegenstück hierzu gibt es eine waagerecht durch die Sonne verlaufende Linie, den Horizontalbogen (e), der den Kreis (a) schneiden und weit über diesen hinaus nach links und rechts gehen kann.

An diesen Schnittpunkten entstehen die berühmten Nebensonnen (f), weißliche oder farbige Lichtkleckse, die also im Abstand von 22 Grad links und rechts der Sonne auftreten. Sie können so hell werden, dass der Eindruck erweckt wird, drei Sonnen stünden nebeneinander über dem Horizont. Während der Kreis (a) den ganzen Tag über entstehen und auch stundenlang beobachtet werden kann, werden die Nebensonnen vorwiegend in den Nachmittagsstunden gesichtet, wenn die Sonne sich dem Horizont zuneigt. In einem Abstand von 46 Grad gibt es dann noch einen zweiten, wesentlich größeren Halo (g), der allerdings schon zu den Seltenheiten gehört.

Wir haben unter den Halo-Phänomenen nur 7 von rund 25 möglichen erwähnt. Auch bei der Farbfolge der Nebensonnen ergibt sich die Tatsache, dass Rot innen, also der Sonne zugekehrt ist. Dies hängt damit zusammen, dass bei allen Halo-Vorgängen die Lichtstrahlen von Sonne oder Mond nicht an Wassertröpfchen, sondern an Eisteilchen gebrochen werden. Die hierzu benötigte Bewölkung ist der erste Teil der feinen, meist schon in geschlossener Form auftretenden hohen Eisschicht, die uns einen Warmluftaufzug mit nachfolgender Eintrübung und Regen ankündigt; die Halo-Erscheinungen sind also mit Recht als Regenboten anzusehen – allerdings mit einer Einschränkung: Läuft die Aufgleitbewölkung von Westen oder Südwesten über Deutschland, so ist ein Halo ein sicheres Anzeichen für einen Wetterumschlag. Zieht aber die Bewölkung im Norden an uns vorüber und entstehen darin Halo und Nebensonnen, so ist die obige Voraussage nicht möglich. Wir sehen: Ohne Einschränkungen geht es in der Wetterkunde leider selten.

24. Leuchtende Nachtwolken

Wer in der späten Abenddämmerung aufmerksam beobachtet, kann manchmal feine wolkenartige Gebilde sehen, die deutlich in der Nacht leuchten und immerhin zu den Merkwürdigkeiten unserer Lufthülle gehören. Um diese Erscheinungen wahrnehmen zu können, ist es allerdings erforderlich, von einem Platz aus zu beobachten, an dem keinerlei Licht stört.

Wir haben schon erwähnt, dass alle Wolken, die in unserem Wettergeschehen eine Rolle spielen, nicht höher als zehn Kilometer sind. Die leuchtenden Nachtwolken, die noch als feinste Federwolken anzusprechen sind, sind in gewissem Sinn seltene Ausnahmen. Sie leuchten natürlich nicht selbst, sondern werden noch vom Sonnenlicht getroffen, wenn die Sonne schon untergegangen und die Nacht angebrochen ist.

Die leuchtenden Nachtwolken befinden sich in 82 bis 83 Kilometer Höhe und bestehen aus Wassereis, das sich an Staubpartikeln kondensiert. Ihre Ursache ist oft in starken Vulkanausbrüchen zu suchen. Am auffallendsten waren diese Erscheinungen im Jahr 1883, als der Vulkan Krakatoa auf einer kleinen Insel zwischen Java und Sumatra buchstäblich in die Luft geschleudert wurde. Von dem ursprünglich 800 Meter hohen Berg blieb nur noch ein Drittel übrig. Die bei dem Ausbruch entstehende Flutwelle kostete auf den benachbarten Inseln 36 000 Menschen das Leben. Der emporgeschleuderte Staub wurde bis in die genannten Höhen hinauftransportiert, mit Luftströmungen um die ganze Erde geführt und gab während der Dämmerung durch die Sonnenbestrahlung zu Leuchterscheinungen Anlass. Auch der Ausbruch des Vulkans Katmai in Alaska verursachte 1912 ähnliche Leuchtphänomene.

Auch am hellen Tag entstand in den genannten Jahren durch diesen Vulkanstaub um die Sonne in 15 Grad Abstand ein eigenartiger rotbrauner Ring. Durch Trübungsteilchen in der Luft wird das Sonnenlicht stets gestört oder gefiltert, wodurch um die Sonne farbige Erscheinungen auftreten. Wir haben ja gehört, dass das Sonnenlicht aus verschiedenen Bestandteilen besteht; wenn also bestimmte Farbstrahlen an solchen Teilchen hängen bleiben oder gebrochen werden, muss sich das Strahlungsbild der Sonne verändern.

Hierher gehört auch die interessante Erscheinung einer blauen Sonne im Herbst 1950, die fast in ganz Deutschland beobachtet werden konnte. Die Ursache lag in einem gewaltigen Waldbrand in Kanada, der ungefähr fünf Tage zurücklag und dessen Ruß- und Rauchteilchen – in große Höhen hinaufgewirbelt – mit den Luftbewegungen über den Nordteil des Atlantik nach Europa geführt wurden. Durch diese Trübungsteilchen wurden die roten und gelben Strahlen der Sonne herausgefiltert, und die blauen herrschten damit vor. Von Nordwesten kommend ging diese Erscheinung über Europa hinweg, sodass schon in der Nacht vorher in England und Dänemark der Mond eine bläuliche Färbung annahm. Auch die Schweiz kam noch in den Genuss dieser Erscheinung, aber dann war der Spuk zu Ende.

25. Sternschnuppen und Nordlichter

Eine andere Gruppe nächtlicher Leuchterscheinungen in noch größeren Höhen, die unter dem Namen Leuchtstreifen laufen, werden wohl durch kosmischen Staub verursacht, der in die Erdatmosphäre eingedrungen ist.

So sind auch alle Sternschnuppen Vorgänge in unserer Lufthülle, wobei kosmische Teilchen in den Anziehungsbereich der Erde kommen und damit in der Lufthülle beim Herabstürzen aufglühen. Die schmalen Striche, die wir als Sternschnuppen beobachten, werden also von winzig kleinen Körperchen verursacht, deren Durchmesser nur wenige Millimeter beträgt. Diese Teilchen verglühen in der Luft in Höhen um 80 Kilometer restlos.

Die größeren Erscheinungen, die man als Meteore oder Feuerkugeln bezeichnet, können aber so groß sein, dass ihr Verdampfungsweg zur Erdoberfläche nicht reicht und sie als Boten aus dem Weltall zur Erde gelangen; sie bestehen meist aus Nickeleisen. Oft kommt es auch vor dem Aufprall zu einem explosionsartigen Zerbersten der größeren Stücke. Der Glühweg der Meteore durch die Luft ist stets eine sehr auffallende helle Lichterscheinung am nächtlichen Himmel. Er kann sogar tagsüber wahrgenommen werden.

Wer sich im Besonderen für diese Vorgänge interessiert und über die Herkunft der Meteore oder über die großen Einschlagskrater Näheres wissen möchte, greife zur astronomischen Fachliteratur. Jedenfalls würden diese kosmischen Trümmer nicht aufleuchten, wenn die Erde keine Lufthülle hätte. Alle Sternschnuppenerscheinungen spielen sich also nicht in der Weite des gestirnten Himmels ab, sondern sehr nahe über uns in der Atmosphäre.

Noch ein anderer Leuchtvorgang sei hier erwähnt: die merkwürdigen, manchmal strahlenförmigen, manchmal band- oder faltenartigen Nord- oder Polarlichter in Höhen zwischen 100 und 500 Kilometer. Während diese Erscheinungen in den polaren Zonen unserer Erde sehr häufig sind, beobachten wir sie in unseren Breiten meistens in den Zeiten starker Sonnenfleckentätigkeit.

Man weiß schon seit langem, dass die Sonne rund alle elf Jahre besonders viele und große Flecken zeigt, aber erst durch die Atomtheorie, dass von dort aus der planetare Raum mit Wasserstoffkernen und negativ elektrisch geladenen Teilchen beschossen wird. Da diese Teilchen auch unseren Planeten treffen und – durch das Magnetfeld der Erde bedingt – vorwiegend an den magnetischen Polen tiefer in die Lufthülle der Erde eindringen, kommt es zu diesen Leuchterscheinungen, bei denen der Wasserstoff unserer Luft eine Rolle spielt. Mit großen Sonnenflecken sind nicht nur prächtige Nordlichterscheinungen verbunden, sondern stets auch Störungen des Rundfunkempfangs – vorwiegend im Kurzwellenbereich. Meist sind die Polarlichter rötlich, oft sogar purpurrot, wechseln manchmal in Sekundenschnelle, können aber auch stundenlang beobachtet werden.

Der Vollständigkeit halber sei erwähnt, dass das so genannte Tierkreislicht nicht in die Gruppe der atmosphärischen Erscheinungen gehört, da es seinen Sitz in weit größeren Entfernungen von der Erde im planetaren Raum hat. Und nicht unerwähnt wollen wir lassen, dass viele der «Unbekannten Flugobjekte» mit einer der in diesen Kapiteln beschriebenen Erscheinungen identifiziert werden können.

Von Bauernregeln und Aberglauben

26. Der Mond

Manchmal fühle ich mich persönlich beleidigt – warum muss ausgerechnet in «meinem» Sprachraum so viel Aberglaube in Sachen Wetter kursieren? Fast überall auf der Welt haben sich die Menschen meist einen naturwissenschaftlich seriösen Zugang zum Wetter erarbeitet. Nicht so in Deutschland und Umgebung: Der Wunderglaube scheint Urständ zu feiern, er äußert sich unter anderem rund um den Mond, den Hundertjährigen Kalender, Wetterscheiden, das Biowetter und das Hagelschießen, nicht zuletzt auch um die Frage: Wie wird der nächste Sommer?

Das Wetter ist eine Wissenschaft, wenn auch nicht immer eine ganz exakte. Es gibt sicher auf der Welt noch viele Dinge zwischen Himmel und Erde, die wir uns heute nicht träumen lassen. Aber die wenigsten dieser Dinge, die wir uns heute noch nicht mal träumen lassen, werden uns bei der Wettervorhersage helfen.

Ich stelle nicht in Abrede (weil ich davon letztendlich auch keine Ahnung habe), ob sich der Mond in der Landwirtschaft oder auf Haare wachstumsfördernd oder -hemmend auswirkt. Dass er beim Baumfällen je nach Stand hilfreich sein soll, ist gerade kürzlich ausführlich untersucht und verneint worden: Das Holz hat sich nicht anders verhalten in Abhängigkeit von Neu- oder Voll-, abnehmendem oder zunehmendem Mond. Es mag ja sein, dass bei Vollmond Menschen schlecht schlafen. Und der Mond macht ganz sicher Ebbe und Flut. Aber davon ausgehend glauben viele Menschen (in deutschsprachigen Gegenden), dass der Mond auch irgendwie auf das Wetter Einfluss habe. Nein. Nein. Nein.

Der Mond beeinflusst das Wetter nicht. Viele Mondregeln sagen ja, dass ein Mondwechsel auch einen Wetterwechsel nach sich ziehe oder bei zunehmendem Mond das Wetter stabiler sei. Im Allgemeinen lautet der Aberglaube: Bei zunehmendem Mond sei das Wetter schön, bei Vollmond wechsle es, bei abnehmendem Mond komme regnerisches Wetter und bei Neumond wechsle es abermals.

Abgesehen davon, dass Ebbe und Flut auf unseren Barometern kaum messbar sind (Luft ist viel leichter als Wasser und unterliegt deshalb viel weniger der Mondanziehung) – wenn bei Ihnen vor dem Fenster Vollmond ist, dann ist gleichzeitig am Nordpol, Südpol, in Afrika, Australien, Amerika und Asien Vollmond – und das Wetter ändert sich nun wirklich nicht überall gleichzeitig. Also, vergessen Sie das mit dem Mond und dem Wetter und erzählen Sie's auch Ihrem Nachbarn.

Es gibt natürlich auch Regeln, die indirekt mit dem Mond zu tun haben und richtig sind, aber wie gesagt nicht direkt mit dem Mond zu tun haben: «Vollmondnächte sind besonders kalt.» Im Prinzip ja, aber für Neumondnächte gilt das genauso. Der Hintergrund: Damit es nachts schön frisch bis kalt wird, muss der Himmel klar sein. Dann verliert die Erde ihre Wärme ins Weltall hinaus, weil die abgestrahlte Wärme nicht durch Wolken reflektiert wird – deswegen sind bewölkte Nächte immer wärmer als klare Nächte, Windstille vorausgesetzt.

Dass eine Nacht klar ist, fällt natürlich besonders bei Vollmond auf – in Großstädten mit ihrer Lichtverschmutzung ist heute ohnehin der Mond die einzige Orientierung, ob der Himmel klar ist oder nicht. So entstand der Zusammenhang zwischen Mond und Kälte – der Mond hat nichts damit zu tun, aber der Mond illustriert natürlich auffälliger als kleine Sterne die Voraussetzung für eine kalte Nacht: einen klaren Himmel.

Nochmal anders verhält es sich mit dem Mondhof. Hier ist der Mond einfach eine nächtliche Leuchtquelle, die das Vorhandensein von Schleierwolken deutlich macht, die das Mondlicht streuen und ebendiesen Lichthof rund um den Mond erzeugen. Ein Hof um den Mond gilt als Schlechtwetterzeichen, was auch nichts mit dem Mond, aber mit den Schleierwolken zu tun hat. Diese sind in der Tat häufig ein Schlechtwettervorbote.

Zusammenfassung: Das Wetter hat mit dem Mond nichts zu tun. Es gibt auch nicht bei Ebbe oder Flut mehr oder weniger Gewitter. Der Mond macht Ebbe und Flut, aber wahrscheinlich nicht viel mehr. Wie er auf Menschen oder Pflanzen wirkt, kann nicht Gegenstand eines Wetterbuches sein.

27. Das Biowetter

Wer heute in vielen Zeitungen den Wetterbericht liest, bekommt gleichzeitig noch eine Krankheit oder zumindest ein Unwohlsein mit aufgeschwatzt. Rheumatische Beschwerden werden gern genommen, auch Konzentrationsschwächen, wenn's dicker kommt Narbenschmerzen, Koliken oder noch Schlimmeres.

Wissen Sie, was das Gute daran ist? Sie können das glatt vergessen und sich pudelwohl fühlen. Denn die (sinnvolle) Forschung in Sachen Wetter und Gesundheit steckt noch in den Kinderschuhen. Außerhalb Deutschlands, der Schweiz und Österreichs werden Sie in den Medien kaum ein «Biowetter» finden, obwohl das kommerziell interessant wäre, gerade in den USA, wo Pharma-Unternehmen keinen Werberestriktionen unterliegen: links die wetterbedingte Krankheit, rechts das Mittelchen dagegen.

Nicht traurig sein, wenn Sie bei Ihrem USA-Aufenthalt (auch in Frankreich, Italien, England) weder im Fernsehen noch in den Zeitungen etwas über das Biowetter sehen und hören – die Zusammenhänge zwischen Wetter und Gesundheit sollten zwar ausführlich erforscht werden, das Wissen darüber ist aber noch auf dem Stand, als sei die Erde eine Scheibe. Das ist überall Konsens in der wissenschaftlichen Gemeinschaft und wird beachtet, nur nicht bei uns. Womit haben wir das bloß verdient? Da könnte man doch vor Ärger lauter Kopfschmerzen und Konzentrationsbeschwerden bekommen.

Apropos Kopfschmerzen: Ernster als das oft frei erfundene Biowetter nehmen seriöse Wissenschaftler die Föhn-Problematik: Der Föhn ist ein warmer Fallwind auf der Leeseite (die dem Wind abgewandte Seite) eines Gebirges. Dieser warme Wind kann sich vor allem im Hochwinter nicht gegen die im Alpenvorland lagernde schwere Kaltluftschicht durchsetzen und gleitet auf diese auf (vgl. Kapitel 17). An der turbulenten Grenze zwischen der unten liegenden Kaltluft und der darüber streichenden warmen Föhnluft hat man kleine Luftdruckschwankungen gemessen, von denen man annimmt, dass sie für Föhnbeschwerden bei manchen Menschen verantwortlich sein können. Allerdings klagen auch manchmal Menschen über Kopfweh, obwohl sie sich mitten im warmen

Föhnwind befinden – hier gibt es vielleicht Gründe, die im wirtschaftsmeteorologischen Bereich des Vorabends zu suchen sind, die Biowetter-Forschung kann hier nichts beitragen.

Zusammenfassung: Wenn es Ihnen gut oder nicht gut geht, liegt das meistens nicht am Wetter. Und wenn doch, wissen wir noch nicht warum.

28. Die Wetterscheide

Es gehört zu den lieb gewordenen Traditionen einer Wetterstations-Einweihung, dass ein Bürger des Ortes auf einen drei Meter breiten Bach zeigt (manchmal ist es auch ein Mittellandkanal) und mich darauf hinweist, dass «hier alle Gewitter stehen bleiben/auf der anderen Seite vorbeiziehen/immer drüberziehen». Und ich stelle mir eine riesige Gewitterwolke mit einer Kraft von Atombomben vor, wie sie in rund drei Kilometer Höhe gerade noch das Bächlein erfasst und mal schnell ihre Zugbahn ändert. Also: Bäche und Flüsse haben keinen messbaren Einfluss auf großräumige Wettergebilde – ein großes Gewitter ändert nicht seine Zugbahn wegen Rhein und Elbe. Mehr Einfluss haben topographische Gegebenheiten wie kleine Hügel- und Bergzüge, gar nicht erst zu sprechen von Mittelgebirgen: Der 1000 Meter aus dem Rheintal aufragende Nordschwarzwald verdreifacht die Regenmenge innerhalb weniger Kilometer. Die Stadt Berlin hilft mit ihrer Eigenheizleistung sommerlichen Gewittern auf die Sprünge. Aber der Einfluss kleiner Bäche, selbst größerer Flüsse ist nicht nachzuweisen. Auch hier wieder der Vergleich mit dem Ausland: Niemand am Mississippi (deutlich größer und breiter als unsere Flüsse) käme auf die Idee, dass er an einer Wetterscheide wohnt. Wir müssen nicht immer im Leben die USA als Beispiel nehmen, aber in Sachen gesunder Menschenverstand beim Wetter sind die Amerikaner uns voraus. Auch müssen wir uns keine Sorgen machen, wenn Tagebaulöcher mit Wasser gefüllt werden – wie Hochspannungsleitungen und andere Dinge haben sie keinen merklichen Einfluss auf unser Wetter.

Zusammenfassung: Unser Wetter kümmert sich nicht um kleine Fließgewässer. Millionenstädte und ein paar größere Hügel machen sich aber schon bemerkbar.

29. Der Hundertjährige Kalender

Seine Existenz selbst im 21. Jahrhundert (vor allem in landwirtschaftlichen Haushalten) macht mich völlig ratlos. Was ist geschehen? Im 17. Jahrhundert wurde in einem fränkischen Kloster sieben Jahre das Wetter beobachtet und dann aufgeschrieben, dann starb der wetterinteressierte Geistliche, ein Abt namens Mauritius Knauer. Später fand ein Geschäftemacher die Aufzeichnungen und hatte eine schöne Geschäftsidee: Sieben, heilige Zahl, da müsste doch was zu machen sein. Um das Ganze wissenschaftlich zu verbrämen versuchte er, jedem Jahr eine Zuordnung zu geben und hoffte, dass es sieben Planeten gäbe, die ein Jahr bestimmen würden. Damals kannte man allerdings erst fünf, also noch Sonne und Mond dazu, fertig war der Siebenjährige Kalender – ihn «Hundertjährig» zu taufen war einfach ein guter Marketinggag, der für unseren Geschäftemacher nahe lag, denn er gab zugleich einen hundertjährigen astrologischen Kalender heraus. Dass er siebenjährig ist, sehen Sie, wenn Sie ihn acht Jahre hintereinander kaufen: Im achten Jahr lesen Sie den komplett identischen Text wie in demjenigen Kalender, den Sie im ersten Anschaffungsjahr erstanden haben.
Also, wir wiederholen nochmal laut und langsam das Prinzip des Hundertjährigen Kalenders: Das Wetter über einem fränkischen Kloster vor 350 Jahren wiederholt sich alle sieben Jahre, gültig für den gesamten deutschen Sprachraum.

Natürlich nicht. Wenn man die Nutzer von Mondregeln und Hundertjährigem fragt: «Stimmt's denn?», gibt es die richtige Antwort: «Na ja, nicht immer, aber manchmal stimmt er schon.» Diese Antwort deckt sich mit den wissenschaftlichen Erkenntnissen: Die Trefferquote von derlei Scharlatanerien ist 50 Prozent, die Zufalls-Trefferquote. Würde es nie stimmen, wäre das auch ein hervorragendes Ergebnis, dann könnte man immer das Gegenteil nehmen, um 100 Prozent Trefferquote zu haben – aber so ist es eben auch nicht.

Die Erfahrung zeigt, dass sich viele Mondgläubige einfach die Wahrheit ein bisschen zurechtrücken, um vom Glauben nicht abfallen zu müssen. Ist die Arbeitshypothese «Mondwechsel = Wetterwechsel», heißt es eben dann beim Wetterumschlag gern einmal: «Kein Wunder, in zwei

Tagen ist auch Vollmond» oder «Klar, vor drei Tagen war ja auch Vollmond». Würde man unseren seriösen Wetterberichten mit der gleichen Langmut begegnen, ginge es uns ganz schön gut …

Zusammenfassung: Hundertjährige Kalender machen sich an der Wand einer Bauernstube gut. Aber nur als Wandschmuck.

30. Der Langfrist-Wetterbericht

Ja, aber wir wollen doch wissen, wie der Sommer wird. Kein Meteorologe wird das weltweit von irgendeiner Zeitung oder Zeitschrift gefragt – außer in Deutschland. Hier hat das Meteorologische Institut der Freien Universität Berlin traurige Berühmtheit erlangt. Früher zu Recht gelobt wegen der praxisnahen Ausbildung seiner Studierenden, ist das Institut zu einer Verkaufsabteilung für seltsame Hoch- und Tiefnamen und zum wissenschaftlichen Deckmäntelchen für Leute geworden, die mit Langfristvorhersagen experimentieren. Dass in diesem Bereich geforscht wird, ist gut, richtig und wichtig, aber es gilt das Gleiche wie beim Biowetter: Wir sind im Bereich der Monats- und Jahresvorhersagen am Anfang, nicht am Ende eines langen Weges. In der jüngsten Zeit hat der südkoreanische Wetterdienst mit guten Erfolgen auf sich aufmerksam gemacht; alle Meteorologen verfolgen weltweit mit Spannung, wer zuerst eine brauchbare Formel entwickelt. Auf alle Fälle wird sie noch mindestens ein paar Jahrzehnte auf sich warten lassen, sodass ich hoffe, dass eines Tages im Frühling die Journalistenfrage, wie der Sommer wird, nicht mehr kommt. Sie ist sinnlos, so wie jede Antwort unsinnig wäre. Nach fünf bis sieben, als Trend zehn Tagen ist Ende der Fahnenstange. Wir erinnern uns: Manche Wetterdienste haben Orkane wie «Lothar» oder «Anna» noch nicht einmal zwölf Stunden vor Eintreffen korrekt vorhergesagt.

Zusammenfassung: Wir müssen noch zig Jahre warten, bis wir zig Tage Wetter vorhersagen können.

31. Die Bauernregeln

Wie schon erwähnt, hat die FU Berlin auch ernsthafte Dinge erforscht, wie das Professor Horst Malberg getan hat. Er und andere Forscher haben Bauernregeln untersucht und ihre Treffsicherheit nach objektiven Kriterien geprüft. Erkenntnis: Manche Regeln haben die gregorianische Kalenderreform nicht mit vollzogen, finden also in Wahrheit eher zehn Tage später statt (Papst Gregor hatte 1582 beschlossen, dass die Welt zehn Tage weiterrücken möge). Dazu gehören die Eisheiligen, aber auch eine der erfolgreichsten Bauernregeln, die Siebenschläferregel. Unbrauchbar ist sie in der herkömmlichen Form «Regnet es am Siebenschläfertag (27. Juni), es 40 Tage regnen mag». Diese Regel hat null Prozent Trefferquote. Zieht man aber die Kalenderreform in Betracht und flexibilisiert die Regel zeitlich, hat man nach Malberg vor allem in der Mitte Deutschlands und ganz besonders im Süden achtbare Erfolge mit der Regel: So wie die erste Juliwoche wird vorherrschend auch der Rest des Monats. An der Küste funktioniert die Regel hingegen nicht. Komplett sinnlos sind wiederum die zwölf Los-Tage zum Jahreswechsel, von denen jeder für die Witterung eines Monats im Folgejahr zuständig sein soll. Man kann zum Jahreswechsel viele schöne Dinge tun, aber diese Beobachtung kann man sich getrost sparen. Auf der anderen Seite sind alle die Bauernregeln sinnvoll, die auf lokaler Beobachtung beruhen – letztendlich ist aber jeder Bauer immer noch am besten versorgt, wenn er unsere Wetterberichte verfolgt.

Zusammenfassung: Bauernregeln stimmen oft später, als man denkt.

32. Das Hagelschießen

Das wäre praktisch, wenn wir Unwetter verhindern könnten. Das würden ganz besonders die Versicherungen zu schätzen wissen, die sich ja über unser Klima große Sorgen machen, weil nach Einschätzung der Klimaforscher bei einer erhöhten Durchschnittstemperatur die Wahrscheinlichkeit für extreme Wetterlagen steigt. So hat man früher richtige Dinge getan: Man hat gebetet und die Glocken geläutet. Und hat irgendwann begonnen, unnütze Dinge zu tun: Gewitterwolken mit Kanonen zu beschießen. Und, groteskerweise mancherorts bis in die heutige Zeit, man hat sich mit süßen kleinen Sportflugzeugen riesigen Gewitterwolken genähert (allerdings nicht zu sehr, schließlich halten es nicht einmal große Verkehrsflugzeuge aus, mitten durch ein Gewitter zu fliegen), um kleine Mengen von Chemikalien im Wind zu zerstreuen. Auch hier: Es hat viele Großversuche zum Thema Hagelvermeidung gegeben; in der wissenschaftlichen Gemeinschaft besteht heute der Konsens, dass man mit kleinen schnuckeligen Flugzeugen riesigen Gewitterwolken nicht beikommen kann. Zum Glück werden nur noch an wenigen Orten für die so genannte Hagelfliegerei Steuergelder ausgegeben. Vielleicht wäre die Gewitterwolke mehr beeindruckt, wenn man das Geld direkt in sie hineinstreuen würde. Der Erfolg der Hagelvermeidung bliebe identisch.

Zusammenfassung: Eine Kerze in der Kirche hilft gegen Hagel mehr als Silberjodid aus der Cessna.

33. Tiere

Ohne Zweifel stehen Tiere in viel unmittelbarerer Berührung mit dem Wetter als der Mensch in seiner Kleidung und in seinen vier Wänden. Das Tier, das in der freien Natur dem Wetter ausgesetzt ist, lernt, sich darauf einzurichten. Es ist eine Selbstverständlichkeit, dass wir bei Sturm und starkem Regen keine Fliegen, keine Käfer, Schmetterlinge und Vögel in der Luft finden. Die Tiere suchen sich rechtzeitig einen Unterschlupf, da sie die Zunahme der Luftfeuchtigkeit und das Aufkommen des Windes viel früher als der Mensch empfinden. Es gibt eine große Zahl von Wetterregeln, die sehr brauchbare Schlüsse auf den Wetterverlauf der nächsten Stunden abgeben. Durchweg können wir aber eine Wetteränderung, die wir aus dem Verhalten der Tiere ablesen, genauso gut aus den Wolken und anderen Umständen ableiten.

Einige Beispiele: Der Laubfrosch gilt wohl als der angeblich verlässlichste Wetterprophet. Sein Verhalten ist jedoch bei verschiedenem Wetter nichts anderes als die Reaktion auf das Verhalten der Tiere, die er zu seiner Nahrung benötigt. Wenn wir schönes Wetter mit nur geringen Winden haben, so sind Mücken und Fliegen in großer Zahl in der Luft. Vor einem Wetterumschlag ziehen diese Tiere sich in den Schutz von Wohnungen und Ställen zurück, weil die Zunahme des Windes und die Erhöhung der Luftfeuchtigkeit den Tieren mit ihren feinen Flugwerkzeugen unsympathisch ist. Wenn in einem Raum auffallend viele und träge Fliegen sitzen, so können wir mit großer Wahrscheinlichkeit auf einen Wetterumschlag schließen.

Wenn also die kleinen Tierchen bei regnerischem und windigem Wetter nicht fliegen, sondern sich draußen im Gelände unter Blättern verkriechen, «weiß» der Laubfrosch, wo er seine Nahrung finden kann. Er hat es in diesem Fall gar nicht nötig, in Bäume und Sträucher hochzusteigen. Bei schönem Wetter aber tummeln sich die Mücken und Fliegen in der Luft, und da dann am Boden für den Laubfrosch nichts zu finden ist, wird er gezwungen, höher zu steigen. Und daraus können wir dann tatsächlich den Schluss auf schönes Wetter ziehen. Er steigt freilich nicht hinauf und hinunter, um das Wetter anzuzeigen, sondern aus verpflegungstechnischen Gründen. Setzen wir ein solches Fröschlein in ein Einmachglas, dann steigt es nicht die Leiter hinauf, um schönes Wetter anzukünden, sondern um die Fliegen zu schnappen, die wir ihm von oben durch ein Loch hineinreichen. Der Laubfrosch wird sich in der Gefangenschaft sehr bald anders verhalten als draußen in der Freiheit.

Ganz ähnlich ist es mit den Schwalben. Man sagt: Es bleibt schönes Wetter, wenn die Schwalben hoch fliegen, und es wird zum Regnen kommen, wenn sie tief fliegen. Im Großen und Ganzen mag diese Beobachtung stimmen. Aber auch die Schwalben haben keinen sechsten Sinn oder sind dazu ausersehen, als Wetterpropheten zu amtieren, sondern sie sind genötigt, zur Aufzucht ihrer Jungen das Kleingetier aus der Luft zu fangen. Und aus dem Verhalten der Fliegen ergibt sich das Verhalten der Schwalben. Wenn sie in den Höhen keine Nahrung finden, werden sie tief zwischen den windgeschützten Häusern und Stallungen fliegen, weil sich dann dort auch vor dem Regen in der relativ noch trockenen Luft die Fliegen aufhalten. Wenn wir beobachten, dass vor einem Wetterumschlag oder vor einem aufkommenden Gewitter die Schwalben tief fliegen, so wird uns aber die Beobachtung der entsprechenden Wolkenbilder längst dasselbe gesagt haben. Und zwar vermutlich wesentlich zuverlässiger. Denn die «Schwalbenregel» trifft häufig auch nicht zu.

Eine Wetterregel soll hier noch geschildert werden: Man sagt, wenn die Bremsen im Sommer sehr stichfreudig seien, folge bald ein Gewitter. Mag auch diese Regel eine große Wahrscheinlichkeit haben, so gibt es auch hier Ausnahmen. Der wahre Zusammenhang dürfte auch bei dieser Regel ganz woanders zu suchen sein. Ein Gewitter entsteht, wenn es sehr warm und feucht ist, wenn wir also die Luft als sehr schwül empfinden. Wenn wir nun an einem solchen Sommertag arbeiten oder wandern, werden wir schnell und stark in Schweiß geraten, weil die Luft nicht trocken genug ist, um das verdunstete Wasser aufzunehmen. Dieser Verdunstungsvorgang ist es nun, den die Bremsen sofort wittern und damit ihre Opfer wesentlich leichter finden als in trockener, kühler Luft. Wenn also die Bremsen stechen, und es kommt ein Gewitter, so haben eigentlich nicht die Bremsen, sondern wir durch unser Schwitzen das Gewitter vorausgesagt.

Zusammenfassung: Die Tiere reagieren auf das Wetter, aber sie ahnen und «sagen» es nicht voraus.

Der Aussichtspunkt auf dem Dornbusch auf der Ostsee-Insel Hiddensee ist nicht nur einer der schönsten Flecken auf diesem Urlaubsparadies, hier werden auch die Fernseh-Aufzeichnungen für die ARD-Wettersendungen kurz vor der Tagesschau gedreht. Und hier gibt es täglich phantastische Bilder – manchmal von der dänischen Insel Moen, die zum Greifen nah scheint oder wie hier von einer Gewitterwolke über dem Festland. Klassisch zu sehen der aus Eiskristallen bestehende Amboss als oberer Abschluss der Gewitterwolke und die Fallstreifen des Regens unter der Gewitterwolke, die sich in diesem Stadium allerdings schon allmählich abschwächt.

Der Meteorologe bei der Arbeit

34. Eine kurze Geschichte der Meteorologie

Bei den alten Griechen war alles noch einfach: Zeus saß mit seinen Kumpels in den Wolken und schleuderte bei Bedarf Blitze. Im Altertum gab es noch keine Messinstrumente, allenfalls in China soll gerüchteweise schon ein Regenmesser erfunden gewesen sein. Für die hoch entwickelten Staaten rund ums Mittelmeer galt «navigare necesse est» – die Seefahrt tat Not. So war es kein Wunder, dass der Klassifizierung der Winde die erste systematische Beobachtung von Wettererscheinungen galt. Für die Meteorologie waren Himmels- und Wettergott Zeus und seine Spießgesellen zuständig. Allein deshalb hatte der antike Mensch schon großen Respekt vor dem Wetter, denn die Naturelemente hatten ihren festen Platz in der Gemeinschaft der Götter. Die Entwicklung der Meteorologie war lange Zeit nicht die Geschichte von Instrumenten und Satelliten, sondern von Menschen, die die Meteorologie schrittweise voranbrachten.

Hier sind einige von ihnen:

Andronicus (1. Jh. v. Chr.)
Im 1. Jahrhundert v. Chr. baute der griechische Astronom Andronicus in Athen den Turm der Winde, zwölf Meter hoch. Jede Windseite zeigte das Gesicht eines der Windgeister, welche die acht Windrichtungen darstellten (z. B. Boreas [Nordwind] und Notos [Südwind]). Einen wirklich exakten Windmesser, das heute gebräuchliche Schalenkreuz-Anemometer, konstruierte 1846 der Engländer Armstrong T. R. Robinson. Die Schalendrehungen pro Sekunde ergeben die Windstärke.

Im 2. Jahrhundert v. Chr. lieferte der Philosoph Philo den wahrscheinlich ersten Beweis dafür, dass Luft sich beim Erhitzen ausdehnt, als er feststellte, dass Luft aus einer hohlen Bleikugel entwich, wenn die Kugel erwärmt wurde.

Aristoteles (384–322 v. Chr.)

Der Philosoph Aristoteles lag mit seinen Erkenntnissen rund ums Wetter zwar nicht immer richtig, aber immerhin prägte er in seinen Büchern den Begriff «Meteorologica», aus dem das Wort Meteorologie abgeleitet wurde. Eine seiner Theorien war damals, dass Wind – genau wie Wasser – einer Quelle entspringt und von der Himmelsbewegung mitgeführt wird. Platon und Aristoteles vermuteten damals schon, dass Luft ein Gewicht hat – allerdings konnten sie es nicht beweisen. Dafür musste man bis zu Galileo Galilei warten!

Leonardo da Vinci (1452–1519)

Er war einer der großen Meister der Hochrenaissance, der sich als Maler, Bildhauer, Architekt, Ingenieur und Wissenschaftler einen Namen machte. Er gehörte zu den Begründern der Hydraulik und erfand wahrscheinlich das Hygrometer, mit dem die Luftfeuchtigkeit gemessen werden kann.

Galileo Galilei (1564–1642)

Da man ja nicht immer nur Monde entdecken kann (zu seinen wichtigsten Entdeckungen gehören vier Monde des Jupiters sowie die Monats- und Jahreszyklen unseres Mondes), widmete sich Galileo Galilei auch anderen Dingen. So bewies er als Erster, dass Luft Gewicht hat. Weiter fand er heraus, dass Luft Körpern – die sich durch sie bewegen – Widerstand entgegensetzt (zwar nicht so stark wie der Wasserwiderstand, der sich z. B. Schiffen entgegensetzt, aber durchaus vergleichbar). Durch diese Beweise ebnete er den Weg für Torricellis (einer seiner Schüler) Entdeckung des Luftdrucks. Um 1600 erfand er das erste Thermometer!

Großherzog Ferdinand II. (1621–1670)
1641 entwickelte der Großherzog der Toskana das erste druckunabhängige Thermometer. Kurz nach Torricelli soll er 1657 das erste exakte Hygrometer entwickelt haben, es hatte einen hohlen Kern und wurde mit Eis gefüllt. An der Außenwand schlug sich das Wasser aus der Luft nieder und lief in einen Messzylinder. Dadurch konnte man anhand der Menge des aufgefangenen Wassers die Luftfeuchtigkeit ermitteln.

Evangelista Torricelli (1608–1647)
Torricelli entwickelte 1643 das erste Barometer. Er füllte eine ein Meter hohe, einseitig geschlossene Glasröhre mit Quecksilber. Das offene Ende tauchte in eine quecksilbergefüllte Schüssel. Der Quecksilberspiegel in der Röhre sank bis auf ca. 80 Zentimeter und hinterließ ein Vakuum. Der Druck der Luft auf das Quecksilber verhinderte ein weiteres Absinken. Durch diesen Versuch wies er die Luftdruckveränderung nach.

Blaise Pascal (1623–1662)
Der französische Philosoph, Mathematiker und Physiker Blaise Pascal bewies 1648 in einem Experiment, dass die Höhe einer Quecksilbersäule in einem Barometer vom Luftdruck abhängig ist. Mit dieser Entdeckung bestätigte er die Hypothese von Torricelli über die Wirkung des Luftdrucks auf das Gleichgewicht von Flüssigkeiten.

Robert Boyle (1627–1691)
Der Wissenschaftler Robert Boyle war ein früher Befürworter wissenschaftlich exakter Methoden und Mitbegründer der modernen Chemie. Es gelang ihm als erstem Chemiker, Gas zu isolieren und zu sammeln. Er verbesserte die Luftpumpe und formulierte während seines Studiums das physikalische Gesetz, welches den Zusammenhang zwischen Druck, Temperatur und Volumen beschreibt. Das Gesetz besagt, dass Druck und Volumen eines Gases sich bei Änderungen proportional zueinander verhalten, sofern die Temperatur konstant bleibt.

Sir Isaac Newton (1643–1727)

Der englische Physiker, Astronom und Mathematiker Newton beschäftigte sich auf dem Gebiet der Optik mit den regenbogenfarbigen Ringen, die sich beim Aufeinanderlegen zweier Linsen zeigen. Er nahm genaue Messungen vor und brachte jede Farbe mit den Breitenmaßen der Luftschichten zwischen den beiden Linsen in Beziehung – dieses Phänomen bezeichnet man seitdem als die «Newton'schen Ringe». Die größten Entdeckungen machte Newton allerdings in der Astronomie. Er postulierte das Gravitationsgesetz und damit die mathematische Theorie zur Erklärung der Bewegung von Himmelskörpern. Außerdem verdanken wir ihm die drei Bewegungsgesetze: das Trägheitsgesetz, das Gesetz der Proportionalität von Kraft und Beschleunigung und das Gesetz der Gleichheit von Wirkung und Gegenwirkung. 1671 konstruierte er ein Spiegelteleskop, dessen Prinzip auch heute noch verwendet wird. Gleichzeitig mit Leibniz formulierte er unabhängig von diesem die Grundthesen der Differenzial- und Integralrechnung.

Edmund Halley (1656–1742)

Halley fertigte 1686 die vermutlich erste Wetterkarte an. Bekannt wurde er allerdings eher als Astronom. Dank der Newton'schen Gesetze konnte er erstmals die Flugbahn und das Wiedererscheinen eines Kometen vorhersagen. Die Richtigkeit seiner Theorie bewies sich allerdings erst nach seinem Tod, als der nun nach ihm benannte Komet «Halley» zum vorausgesagten Zeitpunkt wieder von der Erde aus erkennbar war.

Daniel Fahrenheit (1686–1736)

Bis zum Jahr 1714 mussten die Wissenschaftler warten, um endlich ein zuverlässiges Thermometer zur Messung der Lufttemperatur zur Verfügung zu haben. Erfunden wurde es von diesem Herrn – Daniel Fahrenheit –, der auch die Gradskala einführte, von der man die Temperatur ablesen konnte.

Daniel Bernoulli (1700–1782)

Der Schweizer Daniel Bernoulli machte es sich zur Aufgabe, in Europa die neue Physik des englischen Wissenschaftlers Isaac Newton durchzusetzen. Er studierte die Strömung von Flüssigkeiten und formulierte das Prinzip, dass der Druck, der von einer Flüssigkeit ausgeübt wird, umgekehrt proportional zu ihrer Strömungsgeschwindigkeit ist. Das Phänomen und seine Gesetzmäßigkeit wurde nach seinem Entdecker «Bernoulli-Prinzip» genannt.

René-Antoine Ferchault de Réaumur (1683–1757)

1730 führte Réaumur eine Temperaturskala ein. Der Abstand zwischen dem Siedepunkt des Wassers (80 Grad Réaumur) und dem Schmelzpunkt des Eises (0 Grad Réaumur) wurde in 80 gleiche Messeinheiten eingeteilt. Die Réaumur-Skala wird heutzutage nicht mehr verwendet. Der Naturforscher wurde zwar durch seine Temperaturskala berühmt, war aber in anderen Bereichen noch erfolgreicher. Er leistete Bedeutendes in der Metallforschung, bei der Herstellung eines matten Glases (Réaumur'sches Porzellan) und auch als Zoologe (z. B. verfasste er ein sechsbändiges Werk über Insekten).

Anders Celsius (1701–1744)

Berühmt wurde Celsius 1742 durch seinen Vorschlag, die Temperaturskala auf einem Quecksilberthermometer unter einem bestimmten Luftdruck (760 Millimeter Quecksilber) in 100 Teile zu staffeln, wobei der Siedepunkt als 0 und der Gefrierpunkt als 100 bezeichnet werden sollte. Die Umkehrung der Celsius-Skala mit 0 als Gefrierpunkt und 100 als Siedepunkt des Wassers wurde erst später eingeführt.

Benjamin Franklin (1706–1790)

Franklin bewies 1752, dass ein Blitz elektrische Ladung ist. Er ließ bei Gewitter einen Drachen steigen, an dessen Schnurende sich Metall befand. Als die Schnur feucht wurde, sprangen Funken daraus hervor.

Johann Heinrich Lambert (1728–1777)
Der Astronom, Physiker und Mathematiker Johann Heinrich Lambert befasste sich in der Meteorologie besonders mit dem Wasserdampfgehalt der Luft. Er prägte den Namen «Hygrometer» (vom griechischen «hygròs» = feucht, nass). Außerdem untersuchte er die Jahresgänge von Temperatur und Feuchte und stellte beide graphisch dar.

Jacques Charles (1746–1823)
Der französische Physiker Jacques Charles entdeckte 1787, dass bei konstantem Druck das Volumen einer bestimmten Gasmenge zunimmt, wenn die Temperatur steigt. Volumen- und Druckveränderung einer definierten Gasmenge stehen in direkt proportionalem Verhältnis zu der Veränderung der absoluten Temperatur.

Jean-Baptiste Lamarck (1744–1829)
Der französische Naturforscher Jean-Baptiste Lamarck entwickelte 1802 eine Klassifikation der Wolkenformen in fünf Hauptgruppen. Eine Verbesserung dieser Aufteilung lieferte ein Jahr später der Engländer Luke Howard.

Luke Howard (1772–1864)
Von Luke Howard stammt die einfachste und nützlichste Form der Wolkenbeschreibung. Sie wurde 1803 von ihm entwickelt. Seine Methode beruht auf der allgemeinen Form, dem Aussehen und der Stärke von Wolken sowie auf der Höhe, in der sie entstehen. Bei Wissenschaftlern war Howards Einteilung sehr beliebt und wurde daher als Grundlage für ein internationales System übernommen, in dem Wolken zu Gattungen und Arten zusammengefasst wurden. 1896 wurde von Meteorologen-Teams der erste internationale Wolkenatlas veröffentlicht, der unter Verwendung von Howards erdachten Wolkenklassifikationen und -bezeichnungen entstand.

Francis Beaufort (1774–1857)

Admiral Francis Beaufort erstellte 1805 eine 13-stufige Tabelle (von 0 bis 12) zur Bestimmung der Windstärke anhand der Auswirkungen auf See. Erst 1838 wurde diese Skala allerdings in der britischen Royal Navy offiziell eingeführt. Heute gilt die auf 17 Stufen erweiterte Beaufort-Skala auch auf dem Land.

Gaspard Gustave de Coriolis (1792–1843)

Der französische Physiker Coriolis entdeckte den nach ihm benannten Effekt, der die Kreisbewegung von Ozeanströmungen und Luftmassen erklärt. Wenn sich ein Körper auf der Erdoberfläche genau in nördlicher oder südlicher Richtung mit konstanter Geschwindigkeit bewegt, erfährt er eine Ablenkung aufgrund der Drehung der Erde. Diese Ablenkung verläuft auf der Nordhalbkugel im Uhrzeigersinn, auf der Südhalbkugel gegen den Uhrzeigersinn.

Lord Rayleigh (1842–1919)

Der englische Physiker fand heraus, warum der Himmel blau aussieht, indem er wissenschaftlich die Streuung des Sonnenlichts an den Luftmolekülen erklärte. Bis zu seiner Erklärung war die Menschheit zum größten Teil in dem Glauben, dass die blaue Farbe durch Luftverschmutzung entsteht.

Christoph Buys Ballot (1817–1890)

Der holländische Meteorologe wies 1857 nach, dass Wind (außer am Äquator) um Gebiete mit niedrigem Druck auf der Nordhalbkugel gegen den Uhrzeigersinn und um Gebiete mit hohem Druck im Uhrzeigersinn strömt (auf der Südhalbkugel ist es genau umgekehrt). Dreht man (auf der Nordhalbkugel) dem Wind den Rücken zu, so liegt in Blickrichtung des Beobachters vorne links das Tief und rechts hinter dem Beobachter das Hoch. Daraus entstand das Buys-Ballot-Windgesetz.

Sir William Ramsay (1852–1916)

Der Chemiker Sir William Ramsay entdeckte gemeinsam mit anderen und alleine seltene Edelgase in der Luft: Argon, Helium, Krypton, Neon, Xenon und Thorium. Auch beobachtete er die Entstehung von Helium beim Zerfall des Radons. Er erhielt wie auch Rayleigh 1904 den Nobelpreis.

Vilhelm Bjerknes (1862–1951)

Die Existenz von Luftmassen und Fronten wurde im Ersten Weltkrieg von Meteorologen an dem von Vilhelm Bjerknes geleiteten Geophysikalischen Institut in Bergen/Norwegen entdeckt. Man fand heraus, dass in der Atmosphäre unterschiedliche Luftmassen vorhanden sind, die sich nicht mischen. Die Grenzfläche zwischen den Luftmassen nannten sie «Front» – wie die Linie zwischen gegnerischen Armeen. Von Tor Bergeron (einem Mitglied dieser Meteorologenschule) stammt außerdem das Modell zur Bildung von Regentropfen in Wolken.

Lewis Fry Richardson (1881–1953)

Er war der Entdecker von Computermodellen und entwickelte den Plan, Temperatur, Luftdruck, Feuchtigkeit und Wind an gleich weit voneinander entfernten Punkten überall auf der Erde (Gitterkoordinaten) und in verschiedenen Höhen zu messen und aus diesen Daten synoptische Werte zu errechnen. Die erste errechnete Wetterprognose wurde 1922 von ihm gestartet. Der Versuch schlug zwar fehl, aber die Idee, das Wetter systematisch zu berechnen, war geboren.

Und die Frauen? Irgendwie war die Meteorologie lange Zeit keine attraktive Wissenschaft für Frauen, wie Cornelia Lüdecke und Petra Seibert in ihrer Arbeit über Frauen in der Meteorologie (www.homepage.boku.ac.at/seibert/dmt98.htm) feststellen mussten: «Zwischen 1536 und 1881 stellten neben 1148 Männern nur sieben Frauen nachweislich meteorologische Beobachtungen an. Sie kamen meist aus Akademikerfamilien und wurden von ihren Vätern oder auch Müttern zu Beobachterinnen ausgebildet. Als herausragendste dieser Frauen ist die Astronomin Maria Winckelmann (1670–1720), verheiratete Kirch, zu nennen, die wiederum ihre Tochter Christine (1696–1782) einführte. Mit der Einrichtung von meteorologischen Messnetzen wuchs der Bedarf an Beobachtern. Darunter sind zunehmend Kanzleigehilfinnen, Lehrerinnen, Klosterschwestern und Oberinnen sowie Praktikantinnen an Landeswetterämtern vertreten. Nach Öffnung der Universitäten für das Frauenstudium seit 1900 begannen nur sehr wenige – entsprechend vorgebildete – Frauen, sich mit der Meteorologie zu beschäftigen. Hierbei sei vor allem an Luise Lammert (1887–1946) und Gertrud Kobe (1905–1995) erinnert. Schaut man in das Namensregister der Meteorologischen Zeitschrift, das nur für den Zeitraum 1909–1928 ausgeschriebene Vornamen enthält, findet man unter 813 Autorennamen 795 männliche und 18 weibliche, das sind nur zwei Prozent.» Und dieses Verhältnis, so die Forscherinnen, hat sich nicht verändert. Noch im so genannten EDV Findbuch der Von-Bezold-Sammlung, das Kurzbiographien von Meteorologen im deutschen Sprachraum versammelt, sind mit 77 Nennungen nur drei Prozent der enthaltenen Namen weiblich. So sei stellvertretend für alle in der Meteorologie tätigen Frauen genannt:

Alice Schwarzer (geboren 1942)

Sie hat die Initiative eines Schweizer Meteorologen unterstützt, bei der Namensvergabe von Hochs und Tiefs Gleichberechtigung walten zu lassen und auch Hochs weiblich zu taufen. Die Vergabe-Opas der Freien Universität Berlin ließen sich nach langem hinhaltenden Widerstand von der Vernunft dieser Idee überzeugen.

35. Wettbewerb ums Wetter

All diese Menschen haben die moderne Meteorologie ermöglicht, wie wir sie heute kennen: ausgerüstet mit Computern, Satelliten, Radar und Messinstrumenten, die automatisch funktionieren, von der Sichtweiten- bis zur Wolkenhöhenbestimmung. Und dennoch spielen auch für moderne Forschungsprojekte Menschen und die menschliche Beobachtung immer noch eine übergeordnete Rolle. Zwar hat die Entwicklung technischer Hilfsmittel für die Wettervorhersage gerade in den letzten 50 Jahren einen stürmischen Fortschritt gemacht (für heutige Meteorologen ist es fast unvorstellbar, wie die Kollegen in den 40er und 50er Jahren des vergangenen Jahrhunderts ohne Satellitenbilder, ohne Radar und ohne computergestützte Modelle Wettervorhersagen machen konnten), aber die Meteorologie könnte ohne die einfachen Beobachter, deren Tradition das Wetterstationsnetz der «Societas Meteorologica Palatina» im späten 18. Jahrhundert begründete, nicht professionell existieren.

Damals begann die Zeit, dass sich Menschen dreimal am Tag zu einem vor der Sonne geschützten, aber gut belüfteten weißen Holzgehäuse begaben, um die Wetterinstrumente abzulesen und die Windverhältnisse zu schätzen. Bis zur Erfindung der Telegraphie waren diese Beobachtungen vornehmlich der Klimaforschung von Nutzen; durch die Möglichkeit der Verbreitung von Nachrichten auf dem Funkwege konnten dann endlich die ersten Wetterkarten gezeichnet werden, auf denen die gleichzeitig beobachteten (synoptischen) Meldungen eingetragen und analysiert wurden.

In diesem Moment wurde die Wettervorhersage erfunden, weil durch das regelmäßige Zeichnen von Wetterkarten klar wurde, dass sich die Wettergebilde physikalischen Gesetzen gehorchend bewegen.

Ende des 19. Jahrhunderts wurden in fast allen Ländern staatliche Wetterdienste gegründet, die für den Aufbau eines Wetterstationsnetzes, für die Sammlung von Wetterbeobachtungen, die Forschung in der Meteorologie und lange Zeit auch für die Wettervorhersage alleine zuständig waren. Das Interesse an der Meteorologie war in der Bevölkerung eher gering und vorwiegend durch die Bedürfnisse der Landwirtschaft geprägt sowie durch die Notwendigkeit, bei großen Unwettern wie Orkanen und Sturmfluten rechtzeitig gewarnt zu werden. Noch in den siebziger Jahren des 20. Jahrhunderts hielt sich das Interesse an Medien-Wetterberichten in engen Grenzen. Freizeit-Aktivitäten wurden noch unabhängig von Wettervorhersagen geplant. Man fuhr irgendwohin, freute sich und schrieb allenfalls auf die Postkarte, dass man etwas Pech mit dem Wetter habe.

In den achtziger Jahren und danach hat sich das Interesse an Wetterberichten stark entwickelt. Der Effizienz-Gedanke aus dem beruflichen Umfeld übertrug sich immer mehr auch auf die Freizeitgestaltung der mit Freizeit reich ausgestatteten Menschen im deutschen Sprachraum. Heute ist es praktisch undenkbar, dass man «einfach so» irgendwo hinfährt, einen Tennisplatz anmietet oder eine Fahrradtour macht – das Wetter hat zur Maximierung des Freizeitgenusses beizutragen, und eine verregnete Unternehmung gilt als «uncool». Damit einher ging eine auch durch manche elektronische Medien mitorchestrierte Hysterisierung der Bevölkerung in Sachen Sonne: War es vor ein paar Jahrzehnten durchaus noch ganz in Ordnung, wenn es zwischendurch auch mal regnete, so werden Wolken und Nässe heute fast schon automatisch mit einem «leider» verbunden. Nur die Sonne soll es bringen, was in Deutschland zu einer Explosion der Hautkrebserkrankungen führte (die nicht der Tatsache geschuldet ist, dass die UV-Strahlung wegen der Ausdünnung der Ozonschicht härter ist) und zu einem Anteil an Cabrios im Straßenverkehr, von dem Spanien und Italien weit entfernt sind.

Diese extreme Sonnenzugewandtheit macht den Klimaforschern und Politikern Mühe, wenn es darum geht, die Nachteile einer weiteren Erwärmung der Atmosphäre darzustellen. Die Drohung «Dann wird jeder Sommer wie der von 2003» ist für viele Menschen eher eine Verheißung, trotz einer hohen Sterberate bei alten Menschen, trotz Waldbränden und sinkendem Grundwasserspiegel.

Wir Meteorologen profitieren einerseits durch das Interesse der Freizeit- und Spaßgesellschaft, andererseits ist die Verantwortung für unser Tun und sind die Folgen bei falschen Vorhersagen ungleich größer geworden. Im Gegensatz zu früher haben Wettervorhersagen auf das Freizeitverhalten von Menschen erheblichen Einfluss, weshalb es zur Tradition geworden ist, dass sich Tourismusverantwortliche an der Küste von

Zeit zu Zeit über die zu pessimistischen Vorhersagen beklagen, wegen denen die Tagesausflügler ausbleiben würden.

Warum es überhaupt falsche Vorhersagen gibt, werden wir in diesem Kapitel noch ergründen. Die Problematik der oft nur angeblich falschen Vorhersagen liegt darin, dass in der kurzen Zeit, welche die Medien für die Wetterberichte für ein großes Gebiet zur Verfügung stellen, eine solche Differenzierung gar nicht möglich ist, wiewohl sie im Kopf des Meteorologen vorhanden ist. Durch das dichte Stationsnetz des ARD-Wetterstudios ist es unserem privaten Wetterdienst, *meteomedia* zum Beispiel, ohne Problem möglich, die Temperatur- und Windunterschiede auf jeder ostfriesischen Insel für sich und auf Sylt nach dem Norden (List), der Mitte (Tinnum) und dem Süden (Hörnum) zu differenzieren – dasselbe gilt für Berlin, wo mehr als ein Dutzend Stationen zur Verfügung stehen. Das Interesse wäre zwar wohl da – allein, es fehlt der Platz für so viel Wetter in den Medien und der Wille, diese besondere meteorologische Leistung auch zu bezahlen. «Teils heiter, teils wolkig, einzelne Schauer» ist zwar nicht so genau, aber wohlfeil zu haben.

Seit über zehn Jahren gibt es auch in den deutschsprachigen Ländern private Wetterdienste, die in Konkurrenz zu den staatlichen Wetterdiensten auf dem Wettermarkt tätig sind. Außerhalb Europas haben sich die staatlichen Wetterdienste entschieden, diesen privaten Wetterdiensten als Partner zu begegnen und haben so zum Beispiel in den USA einen blühenden Wirtschaftszweig mit Tausenden Arbeitsplätzen ermöglicht. Dort hat sich der staatliche Wetterdienst auf seine Kernaufgaben zurückgezogen und stellt den privaten Wetterdiensten die zur Erstellung der Vorhersagen notwendigen Rohdaten kostenneutral zur Verfügung. In Europa, besonders in den deutschsprachigen Ländern, haben die staatlichen Wetterdienste einen anderen Weg gewählt, indem sie verzweifelt versuchen, an ihrem Monopol festzuhalten und Wettbewerb, private Wetterfirmen und damit das Schaffen von Arbeitsplätzen gar nicht erst aufkommen zu lassen.

Dies geschieht durch eine geschickte Doppelstrategie, die noch mit Duldung der Politik zu funktionieren scheint: Rohdaten, wie die Beobachtungen von Wetterstationen oder Satellitenbilder, werden zu einem exorbitant hohen Preis abgegeben, um privaten Wetterdiensten eine möglichst große Kostengrundbelastung mit auf den Weg zu geben. Gleichzeitig verkaufen die staatlichen Wetterdienste ihre Vorhersagen und Produkte, hinter denen größere Arbeit steht, zu Dumpingpreisen. Dadurch ist es den staatlichen Wetterdiensten gelungen, trotz oft bedenklicher Qualität ihrer Vorhersagen bei Unwetterwarnungen (unter anderem beim Orkan «Lothar» durch den Schweizer und den deutschen Wetterdienst, oder beim Hochwasser 2002 durch den österreichischen und deutschen Wetterdienst), ihren Quasi-Monopolstatus beizubehalten – nicht ohne Schaden für die Volkswirtschaften ihrer Länder: Durch die Dumpingpreispolitik fließen einerseits in Relation zum Marktanteil nur lächerliche Beträge in die Staatskasse, gleichzeitig werden andererseits viele Arbeitsplätze ausgerechnet durch eine staatliche Behörde systematisch verhindert oder gefährdet.

Trotz dieser Situation haben die Wetterberichts-Konsumenten heute eine Auswahl zwischen verschiedenen Anbietern, die für verschiedene Menschen zuständig sind. Aufgrund des Versagens des staatlichen Wetterdienstes bei verschiedenen Unwettersituationen haben wir uns vom ARD-Wetterstudio entschieden, systematisch Unwetterwarnungen auszugeben. Eine fünfköpfige Crew im hessischen Bad Nauheim ist im Unwetterfall 24 Stunden am Werk, um Behörden, Feuerwehren, Versicherungen und Bürgerinnen und Bürger vor Unwettern zu warnen. Das Team hat frei, wenn sonniges Wetter herrscht, und rückt mit Schlafsäcken an, wenn es besonders wild zugeht. Der Vorteil einer solchen Zentralisierung, man könnte schon fast sagen, Kasernierung, liegt in der dadurch maximalen Kommunikation und Ansammlung von Erfahrung in einem Team – gute Wettervorhersagen entstehen im Computer, sehr gute in Kopf und Bauch eines Meteorologen.

Die kommenden 50 Jahre werden in der Meteorologie wahrscheinlich nicht so eine stürmische Entwicklung bringen, wie es in den letzten 50 Jahren der Fall war. Die Technisierung und Automatisierung der letzten Jahre hat übrigens nicht immer eine Verbesserung der Vorhersagequalität gebracht. So vertrauten die Meteorologen beim Deutschen Wetterdienst (DWD) am 26. Dezember 1999 bis zuletzt auf ihr fehlerhaftes Computermodell, sodass die Menschen in Süddeutschland viel zu spät bis gar nicht durch den DWD vor dem Orkan «Lothar» gewarnt wurden.

Einerseits hatten die englischen und französischen Computermodelle diesen Orkan schon am Vorabend bemerkenswert korrekt erfasst, andererseits hätten gute Meteorologen des mittleren 20. Jahrhunderts ganz ohne Computer und nur mit Hilfe der Wettermeldungen aus Frankreich sicher eine frühzeitige Warnung ausgeben können: Die beobachteten Luftdrucktendenzen und Windgeschwindigkeiten über Frankreich ließen eigentlich keine Zweifel aufkommen, dass «Lothar» etwas ganz Besonderes war.

Entscheidend wird sein, wie zum Beispiel in Deutschland die 300 Millionen Euro pro Jahr genutzt werden, die der Steuerzahler dem staatlichen Wetterdienst zur Verfügung stellt. In den letzten Jahren wurden viele Millionen auch für technische Spielereien ausgegeben, die der Wettervorhersage nicht dienlich sind oder schon in Nachbarländern zur Verfügung gestanden hätten. Das ist auch nicht weiter verwunderlich, weil keine unabhängige Fachaufsicht über den Wetterdienst existiert, die sich außerhalb des eigenen Dunstkreises an den Bedürfnissen der Nutzer orientieren würde.

Wir haben deswegen bei Meteomedia als erste Maßnahme selbst ein dichtes Wetterstationsnetz gegründet, das jede Stunde Temperatur, Feuchtigkeit, Wind, Niederschlag und Sonnenscheindauer misst und online zur Verfügung stellt. Mit rund 500 Einheiten ist dieses Netz heute größer als irgendein vergleichbares System in Deutschland und ermöglicht Vorhersagen auf lokaler Ebene, wie das ohne Wetterstation vor Ort nicht oder nur zu deutlich geringerer Qualität möglich wäre.

Aber aufgepasst, wenn Sie Online-Wetterdienste besuchen: Viele Wetterdienste erfinden Wetterstationen – Sie können zwar einen bestimmten Ort eintippen, erhalten dafür auch aktuelle Werte, die aber in Wahrheit von manchmal zig Kilometern entfernten Stationen stammen. Das passiert Ihnen bei *www.kachelmannwetter.de* oder *www.meteomedia.ch* nicht, Sie erhalten nur Informationen über Wetterstationen, die auch existieren.

36. Wie eine moderne Wetterstation arbeitet

Die Existenz von Wetterstationen ist denn auch die größte Gemeinsamkeit, die die Arbeit eines Meteorologen vor 50 Jahren und heute verbindet. In vielen Ländern war das Wetterstationsnetz damals sogar deutlich dichter. Dass sich dieses mit der Computerisierung der Meteorologie zuungunsten der Wetterstationen geändert hat, ist einer der größten und schlimmsten Irrtümer – viel lokales Wissen ist dadurch unwiederbringlich verloren gegangen, viele Klimareihen sind nach Jahrzehnten kontinuierlicher Beobachtung sinnlos abgebrochen worden. Deswegen ist es eines der vornehmsten Ziele des ARD-Wetterstudios/Meteomedia, durch den staatlichen Wetterdienst verlassene Standorte wieder zu beleben, wie zum Beispiel in Kaltennordheim in Thüringen, wo eine jahrzehntealte Klimareihe in Gefahr war.

Was sich in den Wetterstationen verändert hat, sind die Instrumente. Nur bei den immer selteneren «handbetriebenen» Stationen, in denen ein Beobachter dreimal täglich die Treppe zu seiner Wetterhütte hochsteigt, den weißen Holzkasten mit den Lamellen nach innen und außen öffnet und seine Quecksilberthermometer und das Haarhygrometer abliest, gibt es eine jahrzehntelange Kontinuität: An diesen Instrumenten wie auch am mechanischen Niederschlagsmesser hat sich nichts geändert: Alles geht von Hand oder per Auge. Die aktuelle Temperatur wird abgelesen, die Tiefsttemperatur am Minimumthermometer, die Höchsttemperatur am Maximumthermometer, das genauso funktioniert wie ein Fieberthermometer – und alles auf 0,1 Grad genau. Quecksilberthermometer wird es noch eine Weile geben, doch steht zu befürchten, dass eine Einnahmequelle für Trägerinnen blonder Haare versiegen könnte: Seit jeher messen Hygrometer die Luftfeuchtigkeit über die Längenschwankung entfetteter Haare. Wenn's feucht ist, werden Haare nämlich länger als in trockener Luft. Moderne Hygrometer arbeiten indessen kaum noch mit Haaren, sondern mit elektronischen Sensoren oder sogar mit so genannten Taupunktspiegeln, wenn's denn ganz genau sein soll.

Um dieses Instrument zu verstehen, müssen wir uns daran erinnern, dass kalte Luft weniger Feuchtigkeit aufnehmen kann als warme Luft.

Wenn man eine Luftmasse abkühlt, weiß sie irgendwann nicht mehr wohin mit dem Wasserdampf und muss das Ganze verdichten, kondensieren, zu Tröpfchen machen. In diesem Moment herrschen 100 Prozent Luftfeuchtigkeit. Und die Temperatur, bei der das passiert, nach dem Abkühlungsprozess, ist der Taupunkt – weil sich da eben zum Beispiel der Tau bildet. Das heißt, dass bei 100 Prozent Luftfeuchtigkeit Temperatur und Taupunkt identisch sind. Das heißt auch, dass in sehr trockener Luft Temperatur und Taupunkt weit auseinander liegen, weil man die Luft sehr stark abkühlen muss, um jenen Punkt zu erreichen, an dem die Luft nicht mehr weiß wohin mit dem Wasserdampf.

Und nun zu unserem modernen Messgerät: In dem Moment, in dem der Taupunkt erreicht wird, bilden sich kleine Tröpfchen. Und das nutzt das Instrument: Ein kleiner Spiegel wird immer wieder in Messzyklen heruntergekühlt, bis sich auf ihm Tröpfchen bilden. Dadurch verändert sich die optische Charakteristik des Spiegels, die Elektronik registriert: Aha, das ist der Taupunkt. Und dann kann die relative Feuchtigkeit berechnet werden. Bei der Niederschlagsmessung ist die Automatisierung schon länger fortgeschritten. Die fernabfragbaren Geräte sind beheizt und mit einer Wippe ausgerüstet, die nach 0,1 Millimeter Niederschlag ausgelenkt wird und einen Impuls erzeugt. Oder der Niederschlag wird direkt gewogen.

Bei der Windmessung hat zum Glück für uns Meteorologen eine Revolution stattgefunden, die sich weltweit noch gar nicht herumgesprochen hat: Es gibt nun endlich einen Windmesser, der auch bei furchtbarsten windigsten Vereisungsbedingungen eisfrei bleibt – und es ist ein Stück deutscher Wertarbeit: Die Firma Thies in Göttingen hat einen Ultraschall-Windmesser entwickelt, der ohne sich bewegende Teile sicher eisfrei bleibt – das hatten schon verschiedene Hersteller behauptet, aber auf unseren Extremstationen auf dem Kleinen Matterhorn (3883 Meter, die höchstgelegene Wetterstation Europas) oder auf der Hochwaldbaude im Zittauer Gebirge, wo es schon mal im böhmischen Wind meterdicke Reifansätze gibt, nicht gehalten.

Das neue Gerät funktioniert wirklich, und so konnten wir 2003/2004 an vielen Standorten, zum Beispiel auf dem im Winter komplett menschenleeren Gotthardpass, das erste Mal einen Winter ohne Datenverlust

Das ARD-Wetterstudio hat eine Radiosondieranlage der Nürnberger Firma Graw im Einsatz. Mit ihrer Hilfe wird die Atmosphäre vertikal bis in eine Höhe von 30 Kilometern vermessen. Ein mit Helium oder Wasserstoff gefüllter Ballon trägt ein Instrumentenkästchen mit Luftdruck-, Temperatur- und Feuchtigkeitsmessung in die Höhe. Die abgebildeten Antennen empfangen die verschiedenen Messgrößen wie auch die durch GPS übermittelte Position der Radiosonde. Ihre Verlagerungsgeschwindigkeit gibt direkt über die Windverhältnisse in der jeweiligen Höhe Auskunft.

verzeichnen. Inzwischen werden die Ultraschall-Windmesser auch in normalen Gegenden eingesetzt.

Stark verändert haben sich die Instrumente zur Messung der Sonnenscheindauer. Das wunderschöne, aber durch den Zwang zum täglichen Diagrammwechsel wartungsintensive Instrument, bei dem eine Glaskugel die Sonnenstrahlen bündelt und in eine Registrierpappe brennt, wird immer seltener. Inzwischen lässt sich die Sonnenscheindauer auch elektronisch messen. Und weil immer mehr Wetterstationen (leider) unbemannt sind, kommt dort sowieso nur die automatische Messung in Frage.

Bei anderen Messgrößen ist das menschliche Auge teilweise ersetzbar geworden, so bei der Sichtweite oder der Wolkenuntergrenze, aber Verluste an Informationen sind mit der Automatisierung immer verbunden. Die Schneehöhe kann zwar auch automatisch festgestellt werden, meistens wird dieses Instrument in automatische Stationen aber nicht eingebaut, sodass nur wenige Schneehöhen-Informationen in Deutschland, der Schweiz und Österreich vorliegen. Die Angaben aus den Wintersportorten sind erfahrungsgemäß mit Vorsicht zu genießen.

Um Computermodelle perfekt zu unterstützen, ist ein Netz von Wetterstationen mit rund 20 Kilometern Maschenweite sinnvoll – wir arbeiten daran, das zu erreichen. Zusätzlich zu den Wetterstationen am Boden ist aber auch die Erforschung der Vertikalen in der Atmosphäre von großer Bedeutung. Seit Jahrzehnten sind dafür Radiosonden im Einsatz. Auch unser privater Wetterdienst führt solche Radiosondierungen durch. Das System der Firma Graw in Nürnberg, mit dem wir arbeiten, ist technisch so weit entwickelt, dass nur das Füllen eines Ballons mit Wasserstoff, das Anhängen eines Fallschirms und der Start der Sonde Handarbeit bleiben. Seit der Nutzbarmachung des GPS-Systems ortet sich die Sonde selbst, was die aufwendige Ortung über Radar überflüssig gemacht hat. Der Ballon platzt erst in etwa 25 bis 30 Kilometer Höhe, dringt also weit in die Stratosphäre vor.

Radiosondierungen sind so ziemlich das Spannendste, was man in der Meteorologie messtechnisch tun kann. Am Boden bietet es das sinnliche Vergnügen beim Bereitmachen von Ballon und Sonde, und am Bildschirm folgt dann die unmittelbare Erfahrung, wie 30 Kilometer Atmosphäre über einem aussehen – und alles ist wie im Lehrbuch …

Inzwischen gibt es auch andere Möglichkeiten, die Atmosphäre vertikal auszumessen, diese Instrumente heißen Radiometer und werten die Mikrowellenstrahlung in der Atmosphäre aus, die sich je nach Feuchtigkeit und Temperatur verändert.

Eine Kombination zwischen der Messung am Boden einerseits und dem Ziel, die gesamte Troposphäre, also die Wetterschicht in der Atmosphäre, andererseits zu vermessen, bietet das Radar. Hier geht es vor allem um die Erfassung des Niederschlags in der Atmosphäre (Radarstrahlen werden durch Regentropfen und Schneeflocken reflektiert), aber auch Windgeschwindigkeiten können durch besonders ausgerüstete Radarstationen ausgewertet werden. So wie Thies bei den Wetterstationen und Graw bei den Radiosonden ist auch hier eine deutsche Firma weltweit erfolgreich, die Gematronik in Neuss. Die Beschaffungskosten einer modernen Radarstation liegen im hohen sechsstelligen Euro-Bereich. Eine professionelle Wetterstation im ARD-Wetterstationsnetz kostet 12 000 Euro, mit Sichtweitenmessung gegen 20 000 Euro. Eine Radiosonden-Bodenstation ist für rund 30 000 Euro, eine Radiosonde für etwa 500 Euro zu haben – also auch kein ganz billiges Hobby, falls Sie Ihre eigene Radiosonde aus dem Garten starten lassen möchten.

Das umgekehrte Prinzip, also nicht den Blick von unten nach oben, sondern von oben nach unten, verfolgt die Arbeit mit Wettersatelliten. Hier gilt es, die geostationären von den umlaufenden Satelliten zu unterscheiden. Um einen schönen Satellitenfilm jede halbe Stunde im Fernsehen zeigen zu können, muss ja der Satellit an derselben Stelle stehen. Das ist in 36 000 Kilometern Höhe der Fall, aber der Satellit ist dadurch ziemlich weit weg, um eine sehr gute Auflösung des Satellitenbildes hinzubekommen. Für hochaufgelöste Bilder sind deswegen die umlaufenden Satelliten zuständig – umlaufend deshalb, weil sie in ihrer Aufnahmehöhe von rund 700 Kilometern Höhe eben keine fixe Position über einem Punkt der Erde einnehmen, sondern einen Ort in unregelmäßigen Abständen und aus unregelmäßigen Richtungen mehrfach pro Tag überfliegen. Man sieht zwar jeden Fluss und jeden See, aber eben nicht jede halbe Stunde.

Als zusätzliches Hilfsmittel für den meteorologischen Arbeitsplatz ist schließlich das BLIDS-System von Siemens in Karlsruhe zu erwähnen, das ernst zu nehmende Blitzeinschläge registriert und uns hilft, die Intensität eines Gewitters unter dem Aspekt der Elektrizität zu bewerten.

Wir resümieren:
Zur Erstellung einer Wettervorhersage hat der Meteorologe oder die Meteorologin

- Satellitenbilder
- Radarbilder
- Wetterkarten mit aktuellen Messwerten am Boden
- Wetterkarten mit aktuellen Messwerten aus der höheren Atmosphäre
- Informationen über Blitzschläge in der Vorhersageregion.

Das wichtigste Hilfsmittel fehlt noch, wir haben es schon erwähnt, ohne in die Tiefe zu gehen: das so genannte Computermodell. Weil wir diesen Begriff in vielen Fernsehsendungen verwenden, aber leider nie die Zeit haben, ihn à fonds zu erklären, gibt er zu vielen Missverständnissen Anlass. Das Wetter-Computermodell hat weder mit Models noch mit Modelleisenbahnen zu tun, es ist vielmehr ein mit physikalischen Gleichungen errechneter Entwurf, wie die Atmosphäre nach einer bestimmten Zeit aussehen müsste. Einfach gesagt, wirft man alles bekannte Wetter, also alle Wetterbeobachtungen aus allen Quellen – Bodenstationen, Radiosonden, Flugzeugen und Satelliten und sogar Flugzeugmessungen – in einen Topf. Wetter gehorcht physikalischen Gesetzmäßigkeiten, die entsprechenden Formeln werden auf den Inhalt des Topfes angewandt und jede Kenngröße Schritt für Schritt in die Zukunft hochgerechnet.

Das erfordert zwar auf der einen Seite wissenschaftliche Genauigkeit, ist aber in Wahrheit eine Sache, bei der zugleich viel Fingerspitzengefühl und individueller Geschmack vonnöten sind. Im ARD-Wetterstudio stehen jeden Tag etwa zehn verschiedene Computermodelle aus aller Herren Länder zur Verfügung, und oft kommt es schon nach zwei Tagen zu ganz unterschiedlichen Lösungen – nach dem einen Computermodell soll es an einem Ort bei null Grad schneien, nach dem anderen wird bei 15 Grad die Sonne scheinen – kein alltäglicher, aber auch kein unrealistischer Erfahrungsbericht über den Umgang mit Computermodellen. Dann reagieren Meteorologen manchmal mit wolkigen Formulierungen («unsichere Wetterentwicklung») oder entschließen sich zu einer bestimmten Lösung oder bilden ein Mittel aus verschiedenen Ergebnissen – je nachdem mit mehr oder weniger Erfolg. Hier spielen das Bauchgefühl und die Erfahrung eines Meteorologen eine wichtige Rolle, wenn es darum geht, die wahrscheinlichste Lösung bei den weiteren Aussichten zu finden.

Aber wie kann es überhaupt zu so unterschiedlichen Modellen kommen? Es ist ein wenig so wie mit den Frikadellen/Buletten/Fleischpflanzerln, die überall ein bisschen anders schmecken, obwohl eigentlich im Schnellimbiss überall das Gleiche draufsteht. Aber jeder Bulettenbrater hat sein eigenes kleines Geheimnis, da ein Gewürz, dort etwas anderes Fleisch und am Schluss noch eine etwas andere Grilltemperatur, noch einmal mehr gewendet.

So ähnlich ist es bei den Computermodellen. Die Rezeptunterschiede hier: Wann fange ich an zu rechnen nach den Wetterbeobachtungen? Erst dann, wenn alle Nachzügler vom ohnehin kleinen Messnetz auf dem Meer da sind? Fange ich lieber gleich an und habe dann schneller Ergebnisse? Oder warte ich noch etwas und korrigiere dafür offensichtliche Falschmeldungen von der Wetterfront? Wie groß ist die Maschenweite des Netzes, das ich über die Welt lege? Arbeite ich großmaschig und dafür schnell oder feinmaschig und langsamer? Wie kalkuliere ich eine schneebedeckte Landschaft ein? Wie die Wassertemperatur eines großen Sees?

Jeder Wetterdienst, jeder Modellbauer hat für diese und andere Fragen eine eigene Antwort, und deswegen sind die Vorhersagen vor allem bei den weiteren Aussichten oft so unterschiedlich. In den ersten 24 Stunden differieren die Ergebnisse der Modelle meistens nicht allzu stark, hier kommt es ganz besonders auf die Fähigkeiten des Meteorologen an, sich auch mal notfalls ganz von den Modellen zu lösen und klassische Meteorologie nach alter Väter Sitte zu machen: vor der Wetterkarte mit aktuellen Meldungen sitzen, Linien malen und jede Stunde wiederholen.

Dass die Computermodelle nicht hundertprozentig richtig sind, liegt letztlich vor allem an zwei Dingen: Zum einen ist das Wetterstationsnetz auf den Meeren nicht so dicht wie an Land, und ausgerechnet dort kommt das Wetter her. Zwar ist es beim Atlantik noch ein bisschen besser als an der Pazifikküste Nordamerikas, wo Wettervorhersagen über drei Tage im Voraus bei West-Wetterlagen meist unbrauchbar sind. Bei uns ist nach fünf bis sieben Tagen in den meisten Fällen das Ende der Vorhersage-Fahnenstange erreicht.

Der andere Grund für Ungenauigkeiten liegt in der Tatsache, dass sich die Atmosphärenphysik in ihrer ganzen Breite eben nicht in ein paar vereinfachende Formeln pressen lässt – die Welt ist komplizierter, so kann es auch dann zu Fehlern kommen, wenn die Ausgangslage perfekt erfasst wurde.

Die besten automatischen Prognosen und damit Hilfestellungen erzeugen Computermodelle übrigens in Zusammenhang mit den Beobachtungen einer Wetterstation. Man kombiniert fünf Jahre Wetterkarte und fünf Jahre Beobachtungen einer Wetterstation und erhält eine Formel, welche Wetterlage bei jeder Station zu welchem Wetter führte. So ermittelt man die Eigenheiten jedes Standortes viel besser, als es das feinmaschigste Computermodell alleine dies könnte – dieses statistisch verbesserte Modellverfahren heißt Model Output Statistics, auch hier ist ein auch für unseren Betrieb arbeitender Deutscher, Klaus Knüpffer, in der internationalen Forschung führend.

Ob nun manche Unwetter von Schmetterlingsflügelschlägen oder umfallenden Reissäcken in China verursacht werden, ist eine akademische und für Meteorologen im Vorhersagedienst gähnend langweilige Frage: Hauptsache, das Unwetter wird richtig vorhergesagt.

Internet-Tipps für gute Wettervorhersagen:
www.meteomedia.ch oder *www.meteomedia.de*
www.kachelmannwetter.de
www.unwetterzentrale.de
www.weishaupt-wetterkanal.de
www.meteomedia.ch/de/fernsehen/fernsehen.html
(Meteomedia-Wetterberichte im Fernsehen)

Messgeräte und wissenschaftliche Partner:
www.thiesclima.com (professionelle Wetterstationen im Einsatz fürs ARD-Fuldanet)
www.fischer-barometer.de (professionelle Wetterstationen traditioneller und moderner Bauweise)
www.graw.de (Radiosonden-Anlagen)
www.gematronik.de (Groß-Radargeräte)
www.dhi-umwelt.de (Klein-Radargeräte)
http://userpage.fu-berlin.de/~fraser/meteoserv/company.htm
(Statistische Hilfsmittel zur Wettervorhersage)
www.blids.de (Blitzortung in Deutschland und Europa)
www.meteoradar.ch (Moderne Radarmeteorologie für Profis)

Wetter mit all seinen Facetten:
www.wetterwahnsinn.de

Vom Wetter zum Klima

37. Globale Erwärmung

Für Schweizer Kinder gehört die jährliche Schulreise zu den natürlichen Höhepunkten des Jahres. Ein, zwei Tage außerhalb des Schulzimmers, natürlich immer in den Bergen. Wandern und immer irgendwo ein Gletscher – dieser in meiner Kindheit alltägliche Anblick ist in den letzten 40 Jahren allerdings seltener geworden und mit längeren Wanderzeiten verbunden. Fast alle Alpengletscher haben sich aufgrund der steigenden Temperaturen zurückgezogen, sind arg geschrumpft: Die Gletscherfläche am Zugspitzplatt betrug im Jahr 1760 noch über 300 Hektar, inzwischen hat dieser Gletscher an Deutschlands höchstem Berg über 70 Prozent seiner Fläche verloren. Klimaforscher rechnen mit einem Verschwinden der Alpengletscher nicht nur auf der Zugspitze, wenn der Trend des Temperaturanstiegs so weitergehe wie zuletzt. Das ist nicht nur aus romantischen Gründen beunruhigend: Mit den Gletschern würde auch ein wichtiges Regulativ des Wasserhaushaltes verschwinden, das Hochwasser verhindern kann und Trinkwasser speichert.

Gerade in den Alpen sind die Folgen der globalen Erwärmung, von der Klimaforscher in aller Welt seit Jahren berichten, jetzt schon spürbar: Viele höher gelegene Berge wurden bisher durch den Permafrost zusammengehalten, durch gefrorenes Wasser, das das ganze Jahr über nicht auftaut. Die höheren Temperaturen bringen nun das Eis zum Tauen und die Berge zum Bröckeln – viele Bergstationen von Seilbahnen müssen dadurch immer aufwendiger gesichert werden. Der Bayerische Klimaforschungsverbund rechnet zum Beispiel damit, dass die Klimaveränderung zur «Häufung winterlicher Hochwassersituationen führen wird. Im Sommer werden dagegen Anzahl und Dauer von Trockenperioden grö-

Gletscherschwund im Zeitraffer: Die beiden Fotos zeigen Paterze und Pasterzezunge am Großglockner in Kärnten im Abstand von 100 Jahren. Die Postkarte oben präsentiert den Gletscher um 1900; das Vergleichsbild machte die Gesellschaft für ökologische Forschung im Jahr 2000. Sie hat eine Ausstellung erarbeitet, die den Gletscherschwund in den Alpen sinnfällig macht (www.gletscherarchiv.de). Er ist das sichtbarste Anzeichen der weltweiten Klimaerwärmung. Von 1850 bis 1975 verloren die Alpengletscher im Mittel rund ein Drittel ihrer Fläche und die Hälfte ihres Volumens. Seitdem sind weitere 20 bis 30 Prozent des Eisvolumens abgeschmolzen. Wissenschaftler rechnen mit dem Verlust von drei Viertel der heutigen Alpengletscher bis zum Jahr 2050. Und in allen Hochgebirgen der Erde sind ähnliche Entwicklungen im Gange.

ßer» – das bedeutet, dass im Sommer Wasser und Wasserkraft fehlen, Kühlwasser wird Mangelware –, der Sommer 2003 wäre kein Jahrhundertereignis mehr, sondern würde womöglich zur befürchteten Regel werden.

Mehr Energie in der Atmosphäre durch höhere Temperaturen wird nach Meinung der Klimaforscher auch zu mehr extremen Wetterereignissen führen – in allen Richtungen: Erderwärmung heißt nicht, dass es überall immer wärmer wird, auch Ausschläge nach unten sind möglich; regional kann es durchaus zu Abkühlungen kommen. Eines der möglichen Szenerien beinhaltet auch die Schwächung des Golfstroms, unserer natürlichen Warmwasserheizung auf dem Atlantik – dann würde es in ganz Mitteleuropa deutlich kühler und trockener werden. Diese Möglichkeit wird aber im Vergleich zu den Warm-Szenarien als eher unwahrscheinlich angesehen.

Es besteht ein Konsens bei Klimaforschern, dass wir Menschen für den Trend zur Erwärmung erheblich mitverantwortlich sind: Unsere Atmosphäre enthält Treibhausgase, die verhindern, dass zu viel Wärme ins Weltall abstrahlt. Das ist gut, richtig und wichtig, ohne diese Treibhausgase (hauptsächlich CO_2) wäre es auf der Erde viel zu kalt. Statt +15 Grad Durchschnittstemperatur hätten wir im Mittel –18 Grad – wohl ohne Leben auf diesem Planeten.

Treibhausgase entstehen aber auch bei jedem Verbrennungsprozess. Seit der Industrialisierung steigt der CO_2-Gehalt der Atmosphäre stetig,

was automatisch auch zu einem Anstieg der durchschnittlichen Temperatur auf der Erde führen muss. So weit, so einig sind sich alle Wissenschaftler. Das Problem liegt im Detail: Kommt bald der Klimakollaps? Wird es schnell immer heißer, oder droht wie im Hollywood-Film «The day after tomorrow» womöglich eine neue Eiszeit? Die oben zitierten Aussagen von Klimaforschern sind denkbare bis wahrscheinliche Szenerien; Sicherheit haben wir erst in 30 Jahren. So lange muss man warten, um «Klima» beurteilen zu können und sicher zu sein, ob sich unsere heutigen Klimaprognosen als richtig erweisen.

Denn zwischen Wetter, dem eigentlichen Thema dieses Buches, und Klima ist ein großer Unterschied. Wetter ist das, was man sieht, wenn man aus dem Fenster schaut. Witterung erlebt man, wenn man ein paar Tage rausguckt. Und wenn man es sich mit dem Kissen unter den Ellenbogen so richtig bequem macht und 30 Jahre aus dem Fenster sieht, hat man Klima erlebt.

Klima-Vorhersagen sind viel schwieriger als Wettervorhersagen. Es geht nicht um drei bis fünf Tage, sondern 30 bis 50 Jahre. Viele Zusammenhänge innerhalb der globalen Wettermaschine sind noch unbekannt. Technokraten hoffen auf noch unentdeckte Regelprozesse, die die Treibhausgase irgendwie schlucken sollen – aber wird es sie auch geben? Schon heute glauben viele Naturforscher, die Verrückung der Klimazonen auch in der Natur nachweisen zu können: durch ein verändertes Verhalten von Zugvögeln, durch eine schnellere Generationenfolge bei Insekten infolge der höheren Temperaturen. Und im Gebirge ziehen sich alpine Pflanzenarten in immer größere Höhen zurück oder sterben ganz aus.

Die Frage bleibt, wie gut wir eigentlich Klima vorhersagen können. An anderer Stelle im Buch wurde festgehalten, dass das Ende der Fahnenstange für Wettervorhersagen schon nach drei bis fünf Tagen erreicht ist. Sie werden sich fragen, wie dann bei Vorhersagen über Jahrzehnte überhaupt noch ein sinnvolles Ergebnis herauskommen kann. Aber die Aufgabe, Klima vorherzusagen, unterscheidet sich von der Wettervorhersage gewaltig. Bei einer Wettervorhersage erwarten wir, dass wir mehr oder weniger auf eine Stunde genau erfahren, wann es zu regnen beginnt und ob die Temperatur 12 oder 13 Grad beträgt, der Wind aus Südwesten oder Nordwesten weht. Bei der Klimavorhersage sind die Ansprüche auf die Detailgenauigkeit geringer, dafür aber in Sachen Vorhersage-Zeitraum viel größer. So gab es in der bayerischen Untersuchung folgende Vorhersagen für die Mitte des 21. Jahrhunderts:

- Die Sommertemperaturen werden um bis zu 6 Grad zunehmen
- Im Winter ist die Temperaturzunahme deutlich geringer
- Der Niederschlag wird im Winter vor allem im Südwesten deutlich zunehmen
- Niederschlags- und Temperaturänderungen führen zu Veränderungen des Abflusses, im Winter zur Zunahme, im Sommer zur Abnahme.

Die Erstellung einer solchen Klimavorhersage ist weitaus komplizierter als eine Wettervorhersage. Bei einer Wettervorhersage wirft man alles momentane Wetter in einen Computer, lässt alle bekannten physikalischen Formeln darüber laufen und erhält eine Hochrechnung, deren Qualität abhängig ist von der Güte der verwendeten Formeln, die die physikalischen Vorgänge in der Atmosphäre möglichst genau abbilden sollen und von der Vollständigkeit der Erfassung des Ausgangszustandes: Haben wir über dem Atlantik wenige Wettermeldungen, kann ein Tief schon mal durch die Maschen rutschen, was natürlich für die weitere Hochrechnung der Wetterlage fatale Folgen hat. Wir haben aber grundsätzlich den Vorteil, dass wir uns nur um die Gegenwart und die ganz nahe Zukunft kümmern müssen und keine «wetterfremden» Parameter in die Berechnungen einfließen.

Anders bei der Klimavorhersage. Hier müssen wir zuerst berechnen, was zum Beispiel eine Verdoppelung des CO_2-Gehaltes (etwa zwischen 2050 und 2070 wird dies der Fall sein) global zur Folge hat. Die Klimaforscher gehen davon aus, dass dies zu einer weltweiten Temperaturzunahme von rund zwei Grad führen würde. Die regionalen Auswirkungen dieser Prognose werden dann in einem regionalen Klimamodell nachvollzogen, das aber zuerst einmal lernen muss, was bei welcher Temperatur passiert. Und um das zu wissen, blicken wir in die Vergangenheit, wo wir auch postwendend enttäuscht werden: Die Meteorologie ist eine sehr junge Wissenschaft, die längsten Temperaturmessungen an einem Ort sind gerade einmal gut 200 Jahre alt; mit kontinuierlichen Niederschlagsmessungen ist meist erst etwa 1890 begonnen worden. In diesem Zeitraum hat sich zwar klimatisch auch etwas getan, allerdings nie etwa in dem Ausmaß, wie es die Klimaforscher für die nächsten Jahrzehnte erwarten: mit lokal unterschiedlichen Temperaturanstiegen von mehreren Grad.

Erschwert werden die Berechnungen auch durch die Tatsache, dass es selbstredend auch natürliche Klimaschwankungen ohne unser Zutun gibt, das so genannte Klima-Rauschen. Das schwankt schon mal zwei Grad über oder unter einem 200-jährigen Mittelwert und ist zufallsbedingt, das heißt vollends unberechenbar: Solche natürlichen Klimaschwankungen können den Treibhauseffekt je nach ihrer Richtung vorübergehend abschwächen oder noch verstärken. Aber in die Berechnungen der Klimamodelle gehen diese Schwankungen nicht ein – insofern dürfen wir nicht einmal eine Vorhersage für Jahre, sondern eher für Jahrzehnte erwarten. Die Klimaforscher brauchen also eine Datenbasis, die sie weiter zurückführt als das 19. Jahrhundert, um die Zusammenhänge zwischen Temperatur einerseits und als Reaktion darauf Mensch, Vegetation und Tier andererseits zu begreifen.

Hier helfen zum Beispiel die eingangs erwähnten Gletscher, aber auch alte Chroniken, vor allem aus Klöstern, wo zum Teil Wetter und Ernteerträge in Zusammenhang gebracht werden. Zugefrorene Meeresbuchten und Seen oder Untersuchungen in Bohrkernen nach Pollenzusammensetzungen in früheren Jahrhunderten können ebenfalls Aufschluss geben.

Für Süddeutschland hat man so Aussagen für die Temperatur und den Niederschlag bis in das Jahr 1000 rekonstruiert. Dabei kam heraus, dass in diesem Zeitraum die langjährigen Temperaturausschläge nicht größer als zwei Grad waren. Sollte also, wie prognostiziert, die Durchschnittstemperatur bis 2050 um zwei Grad steigen, läge sie noch innerhalb dieser «natürlichen» Schwankungsbreite. Aber das heißt natürlich auch, dass wir sofort im Durchschnitt zwei Grad über allem in den letzten 1000 Jahren Erlebten liegen, wenn diese «menschlichen» zwei Grad zu den «natürlichen» zwei Grad noch dazukommen. Eine Thüringer Untersuchung rechnet entsprechend mit Sommertemperaturen, die typischerweise 40 Grad erreichen, ein Wert, der für Thüringen bisher nicht denkbar war – der Sommer 2003 würde also auch nach dieser Rechnung kein Einzelereignis bleiben.

Noch weiter zurück als 1000 Jahre kommt die Wissenschaft durch die Untersuchung von Seesedimenten; man schaut sich den Dreck an, der am Seeboden liegt. In Bayern wurde das für den Ammersee gemacht. Die Vorgehensweise erinnert an die DNA-Analysen moderner Kriminalisten bei der Verbrechensaufklärung: Zu jeder Zeit gab es Muschelkrebse, deren Kalkpanzer erhalten ist. In den Kalkpanzern ist das Verhältnis von verschiedenen Sauerstoff-Formen unterschiedlich. Das Verhältnis dieser Sauerstoffisotopen spiegelt die Temperatur- und Niederschlagssituation während dreier Jahre wieder – so kurz ist die Verweilzeit des Wassers im Ammersee. Mit diesem über Muschelkalk geeichten Thermometer konnte nachvollzogen werden, dass die Temperaturen sich in Deutschland sehr ähnlich den aus Eisbaukernen in Grönland erforschten Temperaturverhältnissen verhalten haben: In beiden Gegenden war die Temperatur in den letzten 8000 Jahren sehr stabil und schwankte nicht mehr als drei, in den letzten 1000 Jahren zwei Grad hin und her. Wir bewegen uns also nach den Vorhersagen der Klimaforscher in ein Klima, das wir nicht kennen und dessen Auswirkungen wir nur schlecht abschätzen können.

Da Klimavorhersagen nicht im herkömmlichen Sinn «sicher» sind, zumal es nicht um Ereignisse geht, die kurzfristig eintreten, und weil es für viele Menschen schwer einsehbar ist, warum ein Ansteigen des Meeresspiegels ein Problem sein könnte («Dann machen wir einfach die Deiche höher»), ist die öffentliche Diskussion um den Treibhauseffekt, von einem Kurzzeit-Hoch 2002 rund um die Elbe-Flut abgesehen, in den letzten Jahren zurückhaltend geblieben. Viele Menschen, auch viele Politiker, hoffen darauf, dass sich die pessimistischen Prognosen der Klimaforscher nicht bewahrheiten werden und verweisen auf in der Tat falsche Vorhersagen in den achtziger Jahren bezüglich der Entwicklung des Waldsterbens, als sich sehr pessimistische Szenarien zum Glück nicht bewahrheiteten.

Während aber die Qualität der Atemluft national bis regional bestimmt wird (nur selten spielen Transportvorgänge eine größere Rolle wie zum Beispiel bei Südwind am Erzgebirgskamm oder bei sommerlichen Ozon-Smog-Situationen, wo Gebiete hoher Schadstoff-Konzentration grenzüberschreitend transportiert werden), ist das Klimaproblem ein globales – was dazu verleitet, die Verantwortung für das Weltklima weiterzugeben, weil es immer Treibhausgas-Verursacher («Die Amerikaner, die Chinesen») gibt, die einen deutlich höheren Anteil an der Produktion dieser Abgase haben als zum Beispiel die deutschsprachigen Länder.

38. Umweltschutz im Großen und Kleinen

In einer Zeit wirtschaftlicher Probleme wird dem Umweltschutz zudem immer eine eher geringere Rolle eingeräumt, sofern er als Konjunkturbremse angesehen wird. Das war auch zusammen mit dem Schuld-sind-immer-die-anderen-Prinzip die Begründung dafür, dass sich die amerikanische Regierung unter Präsident George W. Bush nicht dem Kyoto-Protokoll anschließen wollte; Bush: Die USA seien sich ihrer Verantwortung für die Verringerung der Treibhausgase wie Kohlendioxid bewusst, doch müsse dieses Problem durch die Entwicklung neuer Technologien gelöst werden, ohne die Wirtschaft zu schädigen. Auch müsse man die andere Seite der Medaille sehen: dass der Rest der Welt für fast 80 Prozent der Treibhausgase verantwortlich sei. China, der zweitgrößte Produzent von Treibhausgasen, und Indien würden – wie andere Länder der Dritten Welt – von den Forderungen des Kyoto-Protokolls ausgenommen, kritisierte der Präsident.

Das ist die klassische politische Doppelstrategie, um umweltpolitisch verantwortliches Handeln zu unterlassen bzw. dessen Unterlassung zu begründen: 1. Es schadet der Wirtschaft, 2. Die anderen sind noch schlimmer (obwohl natürlich die Verantwortung für 20 Prozent der Treibhausgase durch ein Land erheblich ist).

Dieses Klimaschutz-Protokoll wurde 1997 im japanischen Kyoto ausgehandelt. Darin versprachen die Industriestaaten, ihre Treibhausgasemissionen bis 2012 um rund fünf Prozent unter das Niveau von 1990 zu senken. Die USA lehnten den Beitritt 2001 mit der Begründung ab, die Auflagen würden ihrer Wirtschaft zu große Bürden auferlegen.

Damit der Vertrag dennoch gültig wird, müssen mindestens 55 Staaten unterzeichnen, die im Jahr 1990 für 55 Prozent der Treibhausgasemissionen verantwortlich waren. Wenn die USA nicht beitreten, ist die Ratifizierung Russlands notwendig, um diese Vorgabe zu erfüllen.

Auch in Zukunft ist der Umgang mit dem Kyoto-Protokoll und dadurch der Umgang mit dem Weltklima ungewiss. Wir stehen vor der Situation, dass sich stark entwickelnde Länder wie China in ihrer stürmischen Entwicklungsphase zumindest vorübergehend nicht prioritär um die Umweltverträglichkeit ihres wachstumsorientierten Handelns kümmern werden. Und das haben die europäischen Länder ja auch nicht vorgelebt, wenn man sich erinnert, dass noch in den siebziger Jahren, in der DDR bis zur Wende, Schadstoffkonzentrationen in der Luft gemessen wurden, die definitiv eine Beeinträchtigung für die Gesundheit waren. Erst in jüngster Zeit haben bei uns vor allem technische Maßnahmen zu einer Reduktion der Luftschadstoffe geführt, die aber beim Privatverkehr durch immer mehr Autos wieder kompensiert wurde. An heißen Sommertagen treten auch heute noch in Mitteleuropa für empfindliche Menschen gesundheitsgefährdende Ozon-Konzentrationen auf, die aber von der Politik und der Öffentlichkeit inzwischen weitgehend ignoriert werden.

Die Hoffnung, dass das in ein paar Jahrzehnten erwartete Versiegen der Erdöl- und Erdgasquellen rechtzeitig käme, um das Weltklima zu retten, ist einerseits zynisch und andererseits sinnlos: Treibhausgase bleiben nach ihrem Ausstoß noch lange Zeit klimawirksam, funktionieren also eher wie eine Zeitbombe und werden nicht sofort wieder abgebaut. Deshalb wird in der nächsten Zeit den regenerativen Energien wie Wind und Sonne eine weiter steigende Bedeutung zukommen. Auch der Atomenergie, die zwar in Sachen Treibhausgas vorbildlich ist, aber aus anderen Gründen umstritten ist, trauen manche Energieexperten eine Renaissance zu.

Letztlich wird auch die Summe der individuellen Einsparungen an Energie eine Rolle spielen. Trotz der hohen Energiepreise sind viele Häuser nicht ausreichend gedämmt, gibt es viele Autofahrten über sehr kurze Strecken. Und sogar Umweltschutz-Maßnahmen, die nicht mit einer Komforteinbuße einhergehen, sind nicht selbstverständlich: Obwohl auch für das Auto schädlich, lassen manche Menschen im Winter ihren Wagen «warmlaufen», was bei nicht funktionsfähigem, weil noch kaltem Katalysator dazu führt, dass vollkommen sinnlos Abgase in die Umwelt entlassen werden – groteskerweise kratzt dann manchmal der Autofahrer mitten in den giftigen Schwaden die Scheibe frei, während die Heizung die Giftschwaden womöglich auch noch fein säuberlich ins Auto saugt. Das Beste für Auto und Umwelt: Scheiben freikratzen, einsteigen, anlassen, losfahren.

In der Summe eine ebenfalls nicht zu unterschätzende Bedeutung bei der Bildung des Sommersmogs hat übrigens unser Verhalten an Tankstellen. Der Gesetzgeber hat Saugrüssel vorgeschrieben, damit nicht unnötig große Mengen flüchtiger Kohlenwasserstoffe beim Tankvorgang freigesetzt werden. Diese flüchtigen Kohlenwasserstoffe (VOC, volatile organic compounds) erhöhen die Bereitschaft, an sonnigen Sommertagen aus Stickoxiden giftiges Ozon zu bilden. Die vorgeschriebenen Saugrüssel entfalten ihre Wirkung aber nur, wenn nach dem automatischen Abschalten des Tankvorgangs zwei, drei Sekunden gewartet wird und wir dann den Tankrüssel wieder einhängen. Viele Menschen verhalten sich, meist aus Unwissenheit, anders: Sie tickern noch weiter nach, manchmal um eine gerade Zahl zu erzeugen (und nachher mit Karte zu zahlen), manchmal, um «das nächste Mal nicht so früh tanken zu müssen». Durch das Nachtickern kriegt man allerdings nur wenige Deziliter mehr in den Tank, während der Umweltschutzeffekt durch die Saugrüssel dahin ist.

Immerhin einen ökonomischen Hintergrund haben die umweltschädigenden Ticker-Kapriolen in der Schweiz, wo die kleinste Zahlungseinheit nicht 1 Cent, sondern 5 Rappen sind. Hier werden Sie viele Menschen an Tankstellen finden, die verzweifelt die Endzahlen 2 und 7 herzustellen versuchen, um eine Abrundung des Betrages zu erreichen. Vollkommen inakzeptabel findet der Schweizer Tanker die Endzahlen 3 und 8, weil diese zur Aufrundung des Betrages führen.

(Hier wäre an sich auch an die Verantwortung der Tankstellenhalter oder die Mineralöl-Konzerne zu appellieren – vielleicht wären Informationen über ein umweltgerechtes Tankverhalten etwas weniger sinnlos als das selbst bei neuesten Tankstellen immer noch aufgeklebte «Blasenfrei zapfen», das mich seit jeher ratlos macht: Ist das eine Aufforderung oder eine Information, was mache ich, wenn sich eine Blase im Schauglas befindet? Den Geschäftsführer kommen lassen? Ich vermute, dass dies eine langjährige Wette von Vorstandsmitgliedern in Mineralöl-Konzernen ist, nach der ein bestimmter Betrag in die Kaffeekasse eingezahlt wird mit jeder neuen Tankstellen-Generation, bei der es gelingt, diesen vollkommen sinnfreien Hinweis zu platzieren, ohne dass jemand fragt, was das bedeutet. Die Kaffeekasse muss immens sein.)

Kurzum, Umweltschutz ist mehr als das saubere Trennen von Joghurtbecherchen und Joghurtbecherdeckelchen – bitte waschen Sie die Sache nicht auch noch in der Geschirrspülmaschine, bevor das Recycling-Gut in die entsprechenden Behältnisse kommt.

Wenn es Ihnen zu Haus und am Arbeitsplatz gelingt, die groteske Praxis des «Unten-bullert-die-Heizung-und-oben-ist-das-Fenster-schräg-offen-damit-es-nicht-zu-heiß-Wird» zu verhindern, haben Sie einen guten Beitrag geleistet. Und wenn Sie ein eigenes Dach haben, auf das eine Solaranlage passt, wird sich das in Deutschland nicht nur ökologisch lohnen, solange regenerative Energien entsprechend gefördert werden. Auf alle Fälle leisten Sie dazu einen Beitrag, dass die deutschsprachigen Länder im technischen Know-how bei der Solarenergie führend bleiben – früher oder später wird es Benzin und Heizöl in der bisherigen Verfügbarkeit und Bepreisung sowieso nicht mehr geben. Und wenn alle Menschen so alt werden wie mein Koautor Siegfried Schöpfer, werden das manche unserer Leser sogar noch erleben.

39. 100 Jahre Klima

Wenn das Wetter zum Klima wird, wird es zugleich zu solchen Diagrammen wie auf den nächsten Seiten abgebildet. In unseren Beispielen, von Mario Kadlcik eigens auf der Grundlage von Daten des Deutschen Wetterdienstes angefertigt, haben wir zunächst fünf über das Land verteilte Wetterstationen ausgesucht, deren Messungen lange genug währen, um (für ihren Standort) aussagefähig zu sein. Solches Material ist der Stoff, aus dem die Träume der Klimaforscher sind. Je mehr solcher Beobachtungsketten existieren, desto klarer können sie Trends herausarbeiten.

Betrachten wir das erste Diagramm auf Seite 168, das die Abweichungen der Jahresniederschlagssummen vom hundertjährigen Mittel zeigt: Hier sehen wir keinen langjährigen Trend. Es gab seit 1890 immer wieder sehr trockene Abschnitte, aber auch kurze nasse Phasen. Eine Zunahme der Niederschläge jedenfalls ist nicht zu erkennen. Was noch auffällt: Regionale Unterschiede sind selbst in den Jahressummen zu sehen. Einige Jahre waren im Norden deutlich nasser als im Süden und umgekehrt.

Schauen wir aber auf das zweite Diagramm, welches die Abweichungen der Temperaturen vom Mittel zeigt, so sehen wir durchaus eindeutige Gemeinsamkeiten, die Trends markieren können. Auffällig ist zunächst die kalte Phase am Ende des 19. Jahrhunderts, als die Temperaturen deutlich unter den Mittelwerten des 20. Jahrhunderts lagen. Kurz nach der Jahrhundertwende pendelten sich die Temperaturen etwa bei den Normalwerten ein, allerdings sieht man immer wieder kräftige Ausschläge, die bekannten Ereignissen zugeschrieben werden können, darunter die sehr kalten Winter in den vierziger Jahren, die sich auch auf die Jahrestemperaturen auswirkten, ebenso wie den Kälteeinbruch in den sechziger Jahren (z.B. Winter 1962/63). Ende der achtziger Jahre setzte schließlich der Erwärmungstrend ein, der sich bis heute fortsetzt. Am Ende liegen die Werte im ganzen Bundesgebiet etwa 2 bis 3 Grad höher als 113 Jahre zuvor. Es sind Klimareihen wie diese, anhand deren die Forscher ihren Befund vom Treibhauseffekt erhärten.

Die folgenden drei Diagramme (S. 169) greifen nun eine einzelne

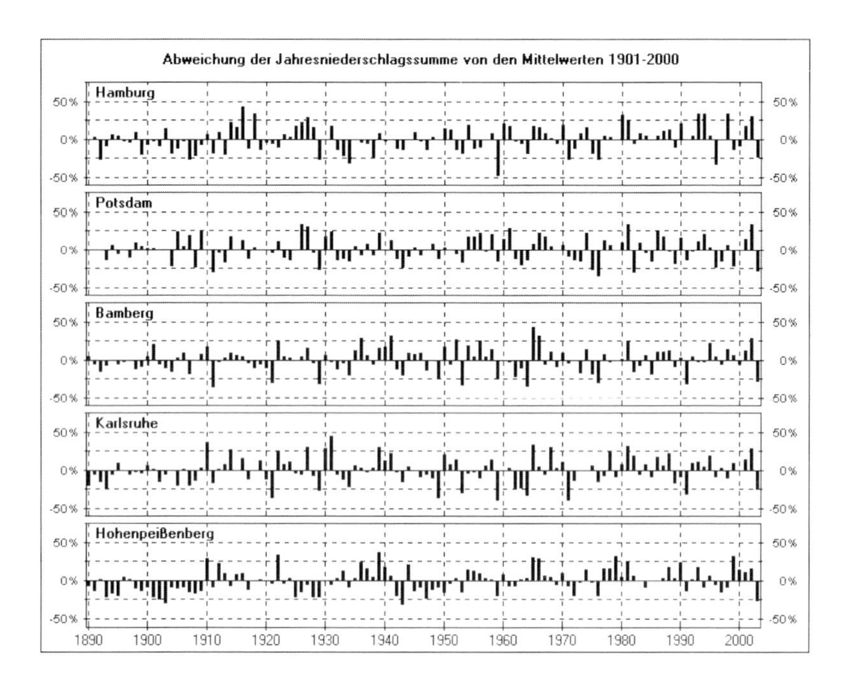
Abweichung der Jahresniederschlagssumme von den Mittelwerten 1901-2000
Hamburg
Potsdam
Bamberg
Karlsruhe
Hohenpeißenberg
50%
0%
-50%
1890
1900
1910
1920
1930
1940
1950
1960
1970
1980
1990
2000

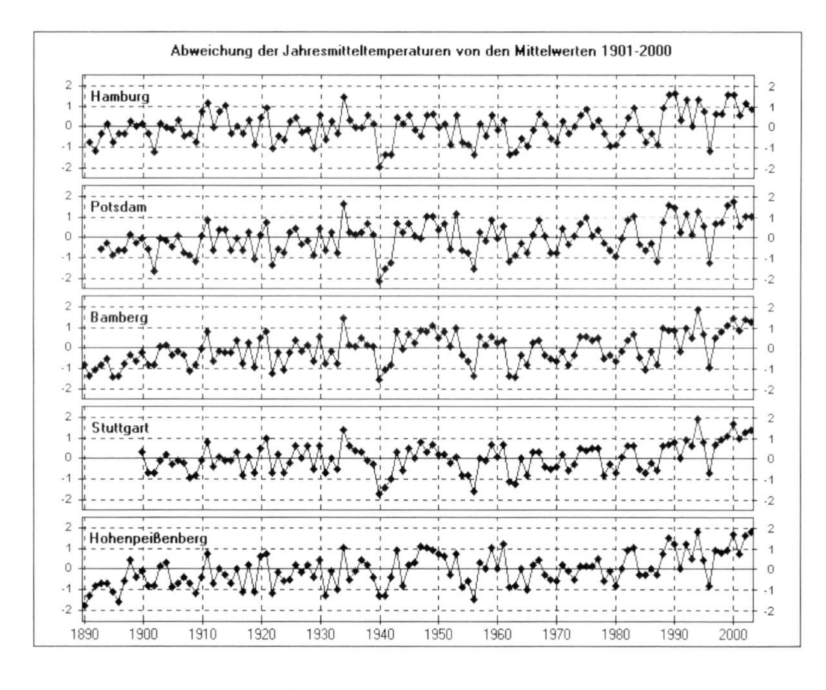
Abweichung der Jahresmitteltemperaturen von den Mittelwerten 1901-2000
Hamburg
Potsdam
Bamberg
Stuttgart
Hohenpeißenberg
2
1
0
-1
-2
1890
1900
1910
1920
1930
1940
1950
1960
1970
1980
1990
2000

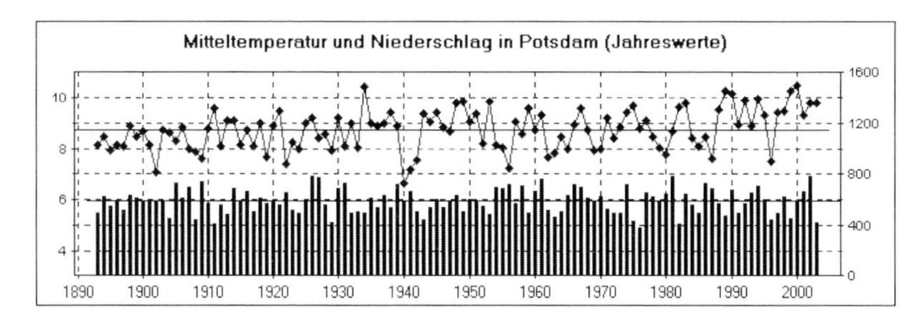

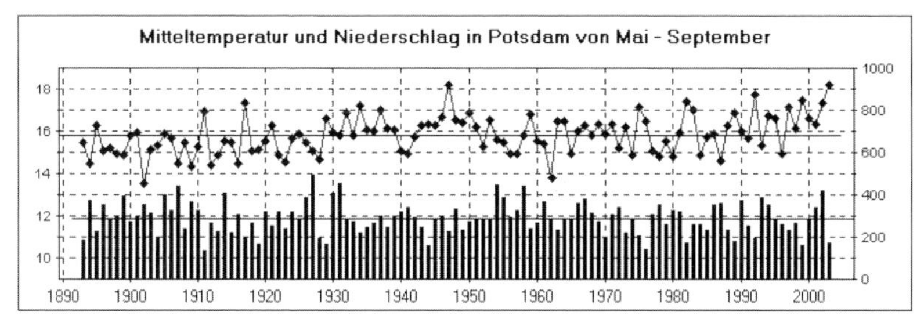

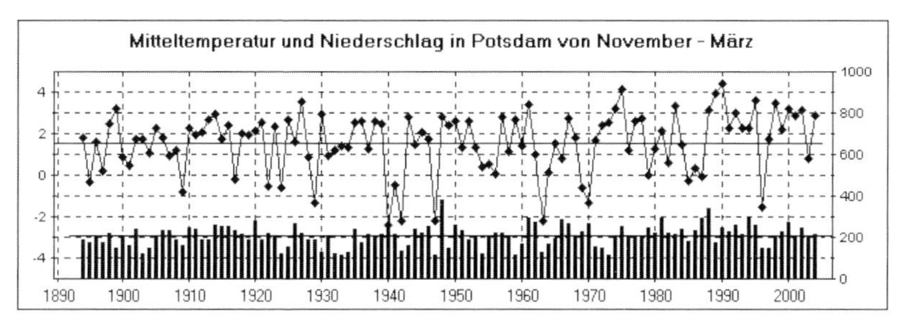

Station heraus. Sie steht in Potsdam auf dem Telegrafenberg und liefert die einzige Reihe von Werten, die lupenrein und ohne jede Unterbrechung am selben Ort und zu denselben Beobachtungszeiten gemessen wurden. Die Jahreswerte von Mitteltemperatur und Niederschlag in Potsdam bestätigen die oben getroffenen Aussagen auch bei genauerer Betrachtung: Kein eindeutiger Trend beim Niederschlag, aber deutlich höhere Temperaturen in den vergangenen Jahren. Im Sommerhalbjahr ist der Erwärmungstrend der neunziger Jahre gut zu erkennen, davor schwankten die Temperaturen meist um den Normalwert. Sehr auffällig ist noch das warme Sommerhalbjahr 1947 sowie die meist feuchtkühlen Sommer vor 1930. Die Sommer 1999 und 2003 waren ausgesprochen trocken, aber von einem eindeutigen Trend kann man hier nicht sprechen, weil es dazwischen auch feuchtere Jahre gab.

Und selbst in den Wintermonaten (letztes Diagramm) ist der Erwärmungstrend deutlich zu erkennen. Seit 1987/88 sind fast alle Winter milder als im langjährigen Mittel, abgesehen von dem langen Winter 1995/96 und dem leicht unternormalen Winter 2002/03. Auch gibt es kaum noch trockene Winter. Oft herrschten Westlagen mit zahlreichen Tiefdruckgebieten, die uns feuchtmildes Wetter brachten. Gut zu erkennen sind auch hier die großen Winter in den vierziger Jahren und 1962/63 sowie der schneereiche Winter 1969/70, als Anfang März in Potsdam 70 Zentimeter Schnee lagen.

Ratschläge

40. Für Wanderer und Wanderführer

Ein richtiger Wanderer wird seine geplante Wanderung unabhängig vom Wetter, das heißt auch bei regnerischem Wetter durchführen. Ja, man weiß, dass solche verregneten Landpartien oft zu den schönsten Erinnerungen gehören. Nun gibt es aber bekanntlich verschiedene Arten von Regenfällen, kurze und lange, leichte und starke; dabei haben wir gelernt, dass die kürzeren meist auch die kräftigeren sind. Wir haben sie als Schauer bezeichnet und sind ihnen beim Wärmegewitter oder beim Durchzug einer Kaltfront begegnet. Wer richtig ausgerüstet ist, braucht im Flachland einen leichten Regen nicht zu fürchten, einen kräftigen Schauer wird man aber zu umgehen trachten. Wenn der Wanderer Einzelgänger ist, so ist er auch zunächst nur sich selbst gegenüber verantwortlich; es ist also seine Angelegenheit, ob er nass wird oder nicht.
Der verantwortungsbewusste Führer einer Wandergruppe oder der Lehrer, der mit seiner Klasse wandert, wird sich mit dem Wetter ganz anders auseinander setzen. Schließlich muss es nicht unbedingt sein, dass eine Gruppe von Wanderern oder Schülern total durchnässt oder verschwitzt nach Hause kommt. Die Entgegnung, man könnte dem Wetter an einem vereinbarten Wandertag nicht ausweichen, zeigt, wie wenig Verständnis für das Wettergeschehen vorhanden ist. Es kommt doch nur darauf an, die Wetterlage richtig zu erkennen und demnach die Wanderung aufzubauen bzw. den Wanderplan etwas beweglich zu gestalten. Wichtig ist, dass der Wanderweg nie zu lang gewählt wird und auf alle Fälle die Möglichkeit zu Änderungen offen lässt.

Wenn wir ein Wetter haben, das lediglich einen täglichen Gang mit Haufenbewölkung zeigt, so werden uns die Kapitel 1 bis 6 mit ihren Bildfolgen sehr dienlich sein. Wir werden dabei erkannt haben, dass wir bei den dort geschilderten Wetterlagen unbesorgt wandern können. Entwickelt sich aber wie in Kapitel 7 eine Schauerwolke mit Gewitterverdacht, so wird der aufmerksame Wanderführer auf die einsetzende Vereisung der Wolke und auf ihre Zugrichtung achten. Bald wird er bei einiger Übung mit Sicherheit sagen können, wann der Niederschlag einsetzen und ob er davon getroffen wird. Es kann ihm so nicht schwer fallen, beizeiten einen Unterschlupf für seine Schutzbefohlenen zu finden, sei es, dass er die Gegend kennt oder dass er rechtzeitig auf seiner Karte nachgesehen hat, ob sich ein Dorf, eine Schutzhütte oder eventuell eine Höhle in erreichbarer Nähe befinden. Da ein solcher Gewitterguss nach einer halben, höchstens einer vollen Stunde wieder vorbei ist, gibt es gar keine lange Unterbrechung der Wanderung. Die vorgesehenen Rastpausen wird man stets nach der Wetterlage und den örtlichen Gegebenheiten geschickt vor- oder nachverlegen.

Wesentlich schwieriger wird die Lage, wenn auf den geplanten Wandertag Luftmassen herangeführt werden, die mit Fronten vor allem längere Niederschläge mit sich bringen. Zunächst einiges zur Wetterlage des Warmluftaufzuges: Wird der Beginn des Wolkenaufzuges erst am Wandertag selbst beobachtet, so braucht noch nicht mit Niederschlag gerechnet zu werden; es bleibt sicher noch trocken mit interessanten Wolkenbildern. Wird der Beginn des Wolkenaufzuges schon am Vortage beobachtet, so dürfte der Wandertag stärkere Eintrübung bringen und vielleicht der Abend oder schon der Spätnachmittag Niederschlag. Es empfiehlt sich dann, die Hauptwanderstrecke von vornherein auf den Vormittag zu legen, sodass das Ziel am Nachmittag rechtzeitig erreicht werden kann. Beobachten wir den Wolkenaufzug schon zwei Tage vor dem Wandertag, und bringt der Vorabend geschlossene und tiefe Bewölkung, so ist mit großer Wahrscheinlichkeit damit zu rechnen, dass der Wandertag verregnet wird.

Da die Warmluftregen wohl sehr lange anhalten können, aber nicht allzu kräftig sind, kann eine Wanderung mit entsprechendem Regenschutz trotzdem durchgeführt werden. Es empfiehlt sich aber, die Wanderstrecke auf alle Fälle kurz zu halten und zu berücksichtigen, dass ein Rasten im Freien kaum möglich ist. Abwarten, ob dieser Regen bald aufhört, ist in allen Fällen sinnlos. Beachten wir noch zusätzlich, dass Wolkenaufzüge aus Süden eine langsame, Wolkenaufzüge aus Westen eine schnellere Entwicklung bringen und dass es für das Tempo des Wetterumschlages keine genaue Regel gibt. Prägen wir uns auf alle Fälle die Wolkenbilder von Kapitel 8 recht gut ein.

Grundsätzlich aber sei der Wanderführer davor gewarnt, Kaltlufteinbrüche mit einer Gruppe im Freien über sich ergehen zu lassen. Wenn zu sehen ist, dass eine solche Front am Horizont auftaucht, so ist unbedingt rechtzeitig zu überlegen, wo in der nächsten Stunde Schutz gesucht werden kann; die Schauer einer solchen Front sind stets sehr kräftig und nachhaltig. Auch gibt es kaum einen Regenschutz, der absolut sicher auf Dauer solche Wassermassen übersteht. Da nach dem Durchzug der Kaltfront stets eine – oft sehr beachtliche – Abkühlung erfolgt, ist das Nasswerden bei einer solchen Wetterlage unbedingt zu vermeiden.

Die Anzeichen einer solchen aufziehenden Front sind eingehend in den Kapiteln 9 und 16 beschrieben: Die vorauseilenden weißen Eisfahnen am blauen Himmel, der geschlossene Aufbau von Wolkentürmen und das Dunklerwerden des gesamten Horizontes auf einer Seite sind untrügliche Vorzeichen. Da vom Auftauchen der Front am Horizont bis zum Überqueren des Beobachtungsortes durchschnittlich mindestens eine, oft sogar noch zwei Stunden vergehen, dürfte es wirklich keine Mühe machen, die Wandergruppe vorher an einen trockenen Platz zu führen. Während es immerhin möglich ist, einem örtlichen Wärmegewitter seitlich auszuweichen, ist dies bei einer Front unmöglich.

Da eine Kaltfront meist nicht allzu lange wetterwirksam ist, kann eine Wanderung anschließend in frischer, kühler Luft ohne weiteres fortgesetzt werden, doch muss mit weiteren Staffeln, das heißt weiteren Schauern gerechnet werden, die aber stets vorher am Wolkenbild zu erkennen sind. Bei einer solchen Wetterlage ist wegen der häufigen Unterbrechungen eine relativ kurze Wanderstrecke besonders angeraten. Ergänzend sei noch gesagt, dass Kaltfronten nicht nur im Winter, sondern auch in den Übergangsjahreszeiten Schnee mit sich bringen können.

An dieser Stelle sei auch auf das Verhalten des Wanderers oder einer Wandergruppe während eines Gewitters hingewiesen. Bitte, legen Sie alle Gewitterratschläge wie zum Beispiel «die Buchen sollst du suchen» zum

Alteisen und merken Sie sich grundsätzlich: Bei einem Gewitter nie unter einem einzelnen Baum stehen, ganz gleich, was das für einer ist! Das Blätterdach eines Baumes gibt sowieso nur für kurze Zeit Schutz, und das Unterstehen unter Bäumen ist letzten Endes doch nur Selbstbetrug.

Im geschlossenen Wald oder in einem einigermaßen geschützten Gelände kann eine Wanderung während eines Gewitters ohne weiteres fortgesetzt werden. Es ist sogar das Beste, was man tun kann, denn die Bewegung hält den Menschen warm und bei Laune. Auf keinen Fall aber darf im freien oder ausgesetzten Gelände, zum Beispiel über kahle Bergrücken während eines Gewitters weitergewandert werden; der Mensch als einzelner, aus dem Gelände hervorragender Punkt ist stets äußerst blitzgefährdet. Wenn es nicht mehr gelingt, ein schützendes Dach über den Kopf zu bekommen, gibt es nur eine Möglichkeit: sich auf den Boden zu hocken, selbst auf die Gefahr hin, dass man restlos durchnässt wird. Wie viele Unfälle hätten schon vermieden werden können, wenn diese einfachen Regeln beherzigt worden wären!

Der Blitz bevorzugt hohe und frei stehende Punkte, er ist aber stets unberechenbar. Der Mensch, der vielleicht nur 50 Meter von einer hohen Pappel entfernt steht, hat keineswegs die Gewähr, dass der Blitz die Pappel und nicht ihn trifft. Man kann ungefähr so sagen: Der Blitz entscheidet sich erst in den letzten Metern über dem Erdboden, welche kleinere oder größere Erhebung er bevorzugt. Und den Camping-Freunden sei an dieser Stelle geraten: lasst eure Antennen stets fachgerecht erden.

Und merke: Nie unter Bäumen oder an Gewässern zelten, denn Bäume können im Sturm stürzen und Bäche können nach Starkregen in kurzer Zeit zu Hochwasser führen.

Wanderungen werden gerne nach Norden angelegt, da dann die Sonne nicht blendet und das Landschaftsbild sich vorteilhaft zeigt – doch Vorsicht: wenn im Frühling die Wälder noch nicht belaubt sind, und der Wanderer geht den ganzen Tag mit der Sonne auf dem Hinterkopf, ist ihm ein Sonnenstich sicher – es sei denn, er trägt stets eine ausreichende Kopfbedeckung.

41. Für Bergsteiger und Führer von Bergsteigergruppen

Wir haben schon darauf hingewiesen, dass in den Bergen durch die Stauwirkung und das verstärkte Anheben der Luftmassen alle Wettervorgänge wesentlich kräftiger verlaufen. Ein sommerliches Gewitter wird nicht nur einen kurzen Schauer bringen, sondern unter Umständen stundenlang im wahrsten Sinn des Wortes an einem Berg hängen bleiben.

Der Bergsteiger muss also danach trachten, wenn irgend möglich vor dem Ausbruch eines Gewitters ein Dach über den Kopf zu bekommen. Der aufmerksame Bergwanderer wird sich deshalb auf seinem Weg stets die Lage von Hütten und Heustadel sowie überhängenden Felsen, die ihm einen geeigneten Schutz bieten können, sehr gut merken.

Auch hier gilt zunächst, was wir im vorhergehenden Kapitel gesagt haben: Der Einzelwanderer, Einzelbergsteiger oder -kletterer mag es stets mit sich selbst, seiner Ausrüstung und seiner Leistungsfähigkeit ausmachen, was er sich im Toben der Elemente zutrauen mag. Er soll aber dabei berücksichtigen, dass die Bergwacht nicht dazu da ist, seine Unvernunft wieder gutzumachen.

Der Führer einer Bergsteigergruppe muss aber unbedingt über die Dinge im Bilde sein, die in diesem Buch geschildert werden. Ein sommerliches Gewitter im Tagesgang wird fast stets in den Nachmittagsstunden ausbrechen. Man wird also im Sommer eine Bergfahrt so planen, dass sie am Vormittag durchgeführt werden kann, das heißt, man geht nicht um 9 Uhr aus der Hütte, sondern um 4 oder 5 Uhr: die kühlen Morgenstunden sind für den Anstieg ohnedies viel angenehmer. Jedenfalls sollte die Bergfahrt so angelegt sein, dass sie ungefähr um 13 oder 14 Uhr beendet ist.

Was der verantwortliche Führer einer Bergsteigergruppe unbedingt erkennen muss, sind die Luftmassenveränderungen bzw. die dazugehörigen Fronten am Wolkenbild. Er wird zu beachten haben, dass bei einer Wetterlage, bei der der Wanderer im Flachland lediglich nass wird, im Hochgebirge schon eine Katastrophe eintreten kann. Der Warmluftaufzug ist mit seinen Wolkenbildern so markant, dass er nicht übersehen werden kann. Er bringt in den Bergen lang anhaltende Niederschläge, die nicht unter einem Felsdach abgewartet werden können. Deshalb sollte die Bergfahrt abgebrochen werden, ehe der Niederschlag einsetzt.

Die Temperaturrückgänge auch bei den «Warmfronten» sind durch den fallenden Niederschlag so beachtlich, dass sie zur Gefahr werden können; so ist es möglich, dass selbst im Hochsommer die Niederschläge in Schnee übergehen. Bei Einsetzen des Niederschlags, spätestens aber wenn Schnee fällt, gibt es nur eine Losung, und die heißt «kehrt!». Dieses Umkehren ist keineswegs eine Schande, sondern eine Vernunfthandlung und ein ehrliches Bekennen, dass auch im 21. Jahrhundert die Natur stärker ist als der Mensch. Es ist besser, einen zweistündigen Marsch abwärts oder auf bekanntem Weg zur letzten Hütte einzuschlagen, als in unbekanntem und verschneitem Gelände auch nur noch zehn Minuten weiterzusteigen. Da starker Niederschlag und vor allem Schneefall auch die Sicht stark beeinträchtigen und Wegmarkierungen verdecken, kann in wenigen Minuten aus einer harmlosen Bergwanderung Bergnot entstehen.

Insbesondere sei aber in den Bergen vor den Kaltfronten gewarnt. Wir haben die charakteristischen Anzeichen des Kaltlufteinbruchs in diesem Buch verschiedentlich besprochen und auch im letzten Kapitel hervorgehoben. In den Bergen gibt es noch einen untrüglichen Vorboten: ein kleiner, oft nur kurz dauernder, aber sehr rasch ziehender Wellenaufzug. Jeder Bergwanderer muss das Herannahen einer Kaltfront erkennen können und dementsprechend rechtzeitig handeln. Im Hochgebirge bleibt es nicht bei einzelnen Schauern, sondern es kommt zu lang anhaltenden und starken Niederschlägen in Form von Regen, Hagel oder Schnee. Meistens sehen sich dann unerfahrene und nicht genügend ausgerüstete Bergwanderer bei solchen Wetterlagen Elementen, Gefahren und Strapazen gegenüber, auf die sie nicht im Mindesten vorbereitet sind. Charakteristisch bei der Kaltfront ist der starke Temperatursturz, der im Sommer sicherlich ab 3000 Metern, in den Übergangsjahreszeiten schon ab 1500 bis 2000 Metern Schneefall bringt.

Ein Biwakieren in einer solchen Wetterlage bedeutet stets Lebensgefahr. Wer eine Gruppe von Menschen in eine Kaltfront hineinführt, handelt aufs höchste fahrlässig. Und noch einen Rat bei Gewittern: legt eure Eispickel weg! Wegen der von Wettereinflüssen ausgelösten Gefahren wie Steinschlag und Lawinen sei auf die einschlägige Literatur verwiesen.

42. Für Segelflieger und Ballonfahrer

Die Segelflieger und Ballonfahrer wünschen sich ein von Fronten ungetrübtes Wetter, das aber von Aufwinden und leichten Strömungen belebt sein darf. Die kleinen Haufenwolken zeigen uns ja stets, wo ein solcher Aufwind besteht, denn die Wolken sitzen wie Kappen auf den Schloten. Man unterschätze aber die Unberechenbarkeit der örtlichen, oft starken, böenartigen Bodenwinde bei schönem Wetter nicht, vor allem in den Vormittagsstunden!

Einem aufkommenden Gewitter wird aber vor allem der Ballonfahrer stets ausweichen. Wie das Gewitter aus der aufquellenden Haufenwolke sich entwickelt, haben wir in Kapitel 7 besprochen. Dem Segelflieger oder Ballonfahrer ist die Vereisung ein untrügliches und rechtzeitiges Signal dafür, dass er entweder heruntergeht oder die Gewitterzone zu meiden trachtet. Der Segelflieger kann dies natürlich leichter als der Ballonfahrer, der sich vor allem davor hüten muss, in den Sog hineinzugeraten, der zur Gewitterwolke hinzieht. Auch sollte es der Ballonfahrer vermeiden, sich vor Ausbruch des Gewitters unnötig «aufladen» zu lassen.

Das Herannahen einer Warmfront bzw. das Auflaufen der Warmluftbewölkung ist an sich ungefährlich und harmlos, da sie selten mit elektrischen Entladungen oder mit sehr starken Winden verbunden ist. Das langsame stetige «Niedrigerwerden» der Wolkenuntergrenze der zunehmenden Bewölkung nimmt Ballonfahrer und Segelflieger eigentlich automatisch mit hinunter. Der Ballonfahrer liebt sogar zu seiner Fahrt den Tag vor der Ankunft der Warmfront, da er einesteils herrliche Wolkenstimmungen erlebt, andernteils in der Höhe ein führiger, aber nicht allzu starker Wind geht, während am Boden zu Start und Landung noch fast Windstille herrscht.

Die Kaltfront ist es wieder, vor der gewarnt werden muss. Hier gibt es nur eine Devise, und die heißt «herunter»! Jeder Kaltlufteinbruch sowie die nachfolgenden Staffeln bringen starke, äußerst böige Winde mit sich. Die gesamten Begleiterscheinungen mit Gewitter und eventuell Hagel beim Durchgang der Front zwingen grundsätzlich zum frühzeitigen Niedergehen. Die Anzeichen sind untrüglich – wir verweisen auf die früheren Kapitel; ein Ausweichen ist hier unmöglich!

43. Für Segler

Beim Segeln und Surfen helfen meteorologische Kenntnisse, schneller voranzukommen und sich weniger in Gefahr zu begeben. Stellen wir uns einen «Mustersee» an einem hochdruckbestimmten Schönwettertag bei schwachen Winden vor (zum Beispiel den Bodensee); er soll in der West-Ost-Erstreckung größer sein als von Norden nach Süden. Nun ist noch wichtig, woher der vorherrschende Wind weht. Nehmen wir an, die Wetterkarte zeigt eine Tendenz zu Südwestwind. Und schließlich wissen wir, dass im Laufe eines schönen Sommertages Seewind aufkommt, dass die Thermik über dem Land also kühlere Luft vom Wasser her ansaugt. Wo auf dem See herrscht nun die größte Windgeschwindigkeit? In seiner Mitte jedenfalls nicht. Dort werden die Seewind-Effekte aufgehoben, weil ja beide Ufer gleich weit entfernt sind. Es werden also relativ schwache Winde wehen. Am Südufer des Sees kommt der Seewind logischerweise von Norden, gegenläufig aber ist die grundsätzliche Tendenz für Südwestwind – auch hier werden eher schwache Winde vorherrschen. Die größte Chance für etwas stärkeren Wind bietet in unserem Beispiel das Nordufer, wo sich der Seewind (hier aus Süden) und der Trend zu Südwestwind addieren. Achtung: Nicht zu nahe ans Ufer segeln, Bäume und Häuser können ein Staupolster mit schwachem Wind bilden, am besten mehrere Hundert Meter oder wenige Kilometer vom Ufer entfernt bleiben.

Sturm-Überraschungen muss es heute eigentlich nicht mehr geben – aktuelle Wetterberichte über WAP, UMTS, Internet (www.unwetter-zentrale.de, www.t-online.de) bzw. über Telefon (www.superwetter.de) warnen Sie zuverlässig vor gefährlichen Starkwinden, dort finden Sie auch aktuelle Radarbilder, mit denen Sie beurteilen können, ob die schwarzen Wolken im Westen harmlose Stratocumuli oder gefährliche Cumulonimben sind. Allerdings sollte am Anfang eines Tages immer auch die eigene Beurteilung der Wetterlage auf dem Wasser stehen. Auch auf kleineren Seen können Gewitterstürme, in seltenen Fällen auch mal von Wasserhosen begleitet, eine ernste Gefahr für Leib und Leben sein. Zumal auch die Gefahr durch Blitzschlag groß ist. Wenn Sie also auf einem einzelnen Segelboot sitzen und über Ihnen eine dicke Gewitterwolke hängt – möglichst weit vom Mast entfernen und Stage und Wanten nicht berühren!

44. Allgemeine Wetteranzeichen

Wir wollen an dieser Stelle noch einige Wetterhinweise geben, die zum Teil zum allgemeinen Erfahrungsgut des Menschen gehören. Es handelt sich um Anzeichen, aus denen mit großer Wahrscheinlichkeit geschlossen werden kann, dass ein Wetterumschlag bevorsteht.

Die Verfärbung der normalen, rötlichen Sonnenuntergangs- und Dämmerungsfarben ins Gelbliche oder Weißgelbliche haben wir schon in der Einleitung erwähnt. Alle diese Farbveränderungen entstehen durch Zunahme der Luftfeuchtigkeit oder auch durch Anreicherung von Staubteilchen. Diese Verfärbungen spielen auch beim so genannten Morgenrot eine Rolle. Unter Morgenrot versteht man aber im Allgemeinen nicht die Rotverfärbung des wolkenfreien Horizontes, sondern das Rot an den Wolken. Dies besagt, dass auch der Luftraum um die Wolke annähernd mit Feuchte gesättigt ist, sodass also Morgenrot in diesem Sinne tatsächlich als ein Regenanzeichen angesehen werden kann. Man darf sogar sagen, dass nach einem ausgeprägten Wolken-Morgenrot der Regen schon nach kurzer Zeit einsetzen wird.

Dementsprechend wird Abendrot an Wasserwolken genauso Regenwetter anzeigen. Wenn wir also um die Zeit des Sonnenuntergangs starke, tiefe und rot gefärbte Bewölkung bemerken, so ist noch in der Nacht mit großer Wahrscheinlichkeit Niederschlag zu erwarten. Das Abendrot, das im Volksmund Schönwetter ankündigt, ist jenes Rot, das am freien, wolkenlosen Untergangshimmel erscheint. Wir müssen also sehr darauf achten, wo wir das Rot sehen.

Darüber hinaus wird uns die Erfahrung lehren, dass hohe Wolken, das heißt also Federwolken, die aus Eiskristallen bestehen, sich in allen möglichen rosaroten Verfärbungen zeigen können, ohne dass Niederschlag erfolgt – es sei denn, diese Bewölkung hat System und gehört zu einem Warmluftaufzug.

Wenn die Sonne «Wasser zieht», das heißt, wenn in feuchter Luft die Sonnenstrahlen sichtbar werden, so können wir auf Eintrübung und Regen schließen. Wir können diesen Vorgang aber auch beobachten, wenn ein Regenwetter seinen Abschluss gefunden hat und die Luft noch feucht ist. Dann ist diese Erscheinung keineswegs ein Zeichen weiteren Niederschlags. Dasselbe gilt für eine gute Fernsicht, die bekanntlich vor und nach dem Durchzug der Fronten auftritt.

Dunst wird im Allgemeinen als Schönwetterzeichen gedeutet. Dies ist aber nur richtig, wenn es sich um den eigentlichen Staubdunst bei windstillem Wetter oder um den Dunst der Talniederungen handelt, der am Morgen durch Abkühlung wie Bodennebel entsteht. Es kann sich bei hoher Feuchtigkeit auch Dunst entwickeln, der keineswegs ein Schönwetterzeichen darstellt; so gibt es einen ausgesprochen starken verräterischen Dunst vor Gewittern, wobei allerdings der Himmel bewölkt ist.

Wenn wir in waldreichem Gelände nach dem Durchzug eines Regengebietes einzelne, weiße Wolkenfetzen aus dem Wald steigen sehen, dann darf mit Sicherheit in Kürze mit weiterem Niederschlag gerechnet werden, denn hier liegt eine Übersättigung der Luft mit Feuchtigkeit vor.

Wenn wir in Deutschland aus vorwiegend westlichen Richtungen Geräusche zum Beispiel von der Eisenbahn in einigen Kilometern Entfernung wahrnehmen, so können wir ebenfalls mit Regenwetter am anderen Tag rechnen, da der starke Wind, der die Geräusche uns zuträgt, uns auch die nachfolgenden Luftmassen zutreibt. Verdächtige Gerüche, die bei sehr geringem Luftdruck wahrnehmbar werden, deuten ebenfalls auf baldiges Regenwetter hin.

Auch an den Rauchfahnen, die aus hohen frei stehenden Kaminen ziehen, können wir einiges ablesen: Gerade aufsteigender Rauch wird schönes Wetter künden, während vorwiegend nach Osten abziehender Rauch, durch den Westwind bedingt, Regen bedeutet. Wenn ein Kamin aber in einem Tal steht, so gelten andere Regeln, die von den örtlichen Luftbewegungen abhängig sind, vor allem von den im täglichen Gang sich ändernden Berg- und Talwinden. Alle derartigen Regeln müssen stets mit Vorsicht angewandt werden, da sie meist von örtlichen Bedingungen abhängen.

Zum Nachschlagen

45. Wolkennamen

Wir haben es absichtlich im Text vermieden, die besprochenen Wolken sofort mit ihren wissenschaftlichen Bezeichnungen zu benennen, um den Leser nicht zu beschweren und den Fluss des Lesens nicht zu hemmen. Die folgende Übersicht gibt nun weitere Auskunft.

Die Zahlen am rechten Rand verweisen auf ein Bild, das diese Wolkenform zeigt.

A Senkrechter Wolkenaufbau

1. Kleine, niedrige Haufenwolke
   = Cumulus humilis
   meist in ca. 1000 m Höhe — Cu 6

2. Große, geballte und aufquellende Haufenwolke
   = Cumulus congestus
   meist in 1000 bis 3000 m Höhe — Cu 23

3. Vereiste Haufenwolke, Schauer- oder Gewitterwolke
   = Cumulonimbus
   meist in 1000 bis 5000 m Höhe — Cb 29

B Waagerechte Wolkenanordnung

I Tiefe Wolken unter 2000 m Höhe

1. Gleichmäßige Wolkenschicht
   = Stratus S

2. Flache Haufen oder Schollen in einer Schicht
   = Stratocumulus Sc 42

3. Geschlossene dunkle Regenbewölkung
   = Nimbostratus Ns 49

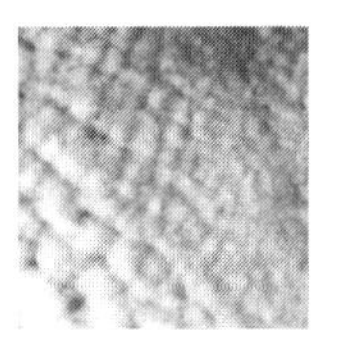

II Mittelhohe Wolken zwischen 2000 und 6000 m Höhe

1. Bänke, Ballen, Walzen und Wogen
   (Schäfchenwolken)
   = Altocumulus Ac 41

2. Gleichmäßige graue Schichten
   = Altostratus As 45

III Hohe Wolken über 6000 m Höhe

1. Federwolken oder Schleierwolken
   = Cirrus Ci 34

2. Winzig kleine Bällchen (in Reihen)
   = Cirrocumulus Cc 39

3. Weiße Eisschichten (oft mit Halo)
= Cirrostratus Cs 44 

Um die einzelnen Wolken in Form und Dichte noch genauer zu unterscheiden, werden an die lateinischen Wolkennamen u. a. noch folgende Eigenschaftswörter angehängt:

castellatus	wie Zinnen und Türme eines Kastells, vorwiegend bei	Cu
densus	dicht	Ci
filosus	dünn	Ci
floccus	flockig (oft vor Gewittern)	Ac
fumulus	rauchartig, kaum wahrnehmbar	Cu
lenticularis	linsenförmig	Ac
radiatus	strahlenförmig	Ci
uncinus	hakenförmig	Ci
undulatus	wellen- und wogenförmig	Ac
vesperalis	meist am frühen Abendhimmel – zur Vesperstunde	Sc

Ergänzend sei noch erwähnt:
Fractocumulus oder Fractostratus so viel wie fetzenförmige Bewölkung unter Ns

46. Luftmassenbezeichnungen

Die nachstehende Tabelle soll eine grobe Übersicht über die häufigsten Arten der Luftmassen geben, die Europa überqueren.

Bezeichnung	Unterscheidung	Eigenschaft	vorwiegende Richtung aus	Ursprung und Weg
Arktische Polarluft	maritim kontinental	feucht trocken	NW NO	Arktis-Grönland Nordmeer Sibirien Nordrussland
Luft gemäßigter Breiten	maritim kontinental	feucht trocken	W O	nördl. Atlantik Osteuropa
Subtropische Warmluft	maritim	feucht	SW	südl. Atlantik Azoren Mittelmeer
	kontinental	trocken	SO	Nordafrika Balkan

47. Fachausdrücke

In diesem letzten Kapitel finden wir noch einige Fachausdrücke und meteorologische Bezeichnungen, die wir im Text nicht erwähnt oder nicht erklärt haben.

Absolute Feuchte	Tatsächlicher Wasserdampfgehalt der Luft in Gramm pro Kubikmeter.
Äquinoktialstürme	Starke Winde um die Zeit der Tag-und-Nacht-Gleichen (Frühjahr und Herbst)
Aerologie	Wissenschaftlicher Zweig zur Erforschung der höheren Luftschichten.
Akklimatisation	Anpassung an andere Klimabedingungen.
Alpenglühen	Abendliches Dämmerungsleuchten an Kalkwänden.
Anti-Zyklone	Hochdruckgebiet.
Astro-Meteorologie	früher: Irrlehre der Abhängigkeit des Wetters von Planetenstellungen. heute: Meteorologie der anderen Planeten.
Auffrischen des Windes	Stärkerwerden des Windes.
Beaufort-Skala	Einteilung der Windstärken in 13 Teile (0–12).
Beständigkeit	Gleichmäßiges Fortdauern einer ruhigen Schönwetterlage.
Bishop'scher Ring	Rotbrauner Ring um die Sonne (vgl. Seite 113)
Blutregen	Durch roten Staub (Sahara) verfärbter Regen.
Blutschnee	Durch Algen verfärbter Schnee.
Celsiusgrad	Heute übliche Einteilung der Thermometer in 100 Teile vom Gefrierpunkt bis zum Siedepunkt des Wassers.
Corioliskraft	Die ablenkende Kraft der Erdrotation (Nordhalbkugel rechts).
Dampfdruck	Druck des Wasserdampfes in der Luft (in hp)
Depression	Ticfdruckgebiet.
Eistag	Tag, an dem den ganzen Tag die Temperatur unter 0 Grad Celsius verbleibt.

Elmsfeuer	Elektrische Lichterscheinung auf Türmen und Blitzableitern.
Fallstreifen	Niederschlag aus mittelhohen und hohen Wolken.
Flächenblitz	Besondere Form des Blitzes bzw. Aufleuchten der Wolken bei dahinter stattfindenden Entladungen.
Föhnmauer	Wolkenbank am Berg auf der Leeseite.
Frosttag	Tag, an dem die Temperatur zeitweise unter 0 Grad Celsius sinkt.
Galle	Bruchstück eines Regenbogens.
Gradient	Gefälle zum Beispiel zwischen zwei Isobaren.
Heaviside-Schicht	Eine der Ionosphärenschichten.
Heißer Tag	Tag mit einem Temperaturmittel größer oder gleich 25 Grad Celsius.
Hektopascal (hp)	Luftdruckeinheit; die Kraft, mit der eine 75 cm hohe Quecksilbersäule auf 1 Quadratzentimeter drückt.
Horizontal	Waagerecht.
Hundstage	Vom 24. Juli bis 24. August, es sind die Tage, an denen man erstmals wieder in der Frühe den Aufgang des Sirius im Sternbild des großen Hundes beobachten kann (sog. Heliakischer Aufgang).
Hungerbrunnen	Quellen, die nur zu bestimmten Zeiten, vorwiegend nach langen und ergiebigen Regenfällen laufen.
Hungersteine	Steine, die nach langer Trockenheit und niederem Wasserstand in den Flüssen sichtbar werden.
Inversion	Temperaturumkehr, das heißt die Temperatur nimmt eine Strecke weit mit der Höhe nicht ab, sondern zu.
Ionisierung	Die Teilchen der Luft wirken elektrisch geladen.
Ionosphäre	Die oberen Schichten der Lufthülle ab 100 Kilometer Höhe mit elektrisch geladenen Teilchen.

Irisieren	Perlmutterartiges Glänzen von Wolkenrändern, vorwiegend bei Ac. lent.
Isobaren	Die Linien gleichen Luftdrucks (siehe Wetterkarte).
Isothermen	Linien gleicher Temperaturen auf Temperaturkarten.
Kalme	völlige Windstille bzw. Zone mit Windstille.
Kappe	Mützenartiger Schleier über stark quellenden Haufenwolken.
Kimm	Seehorizont.
Klima	Das durchschnittliche Wetter an einem bestimmten Erdort in einem bestimmten größeren Zeitraum.
Klimatologie	Klimalehre.
Kohlendioxyd	enthält die Luft zu 0,03 Prozent (CO_2).
Kondensation	Verflüssigung des Wasserdampfes zu Wassertröpfchen – Wolkenbildung.
Kondensationskerne	Ansatzteilchen in der Luft für die Kondensation.
Kondensationsniveau	Höhe, in der die Cumulusbildung einsetzt.
Kondensstreifen	Künstliche Wolkenbildung hinter Flugzeugen, vom Treibstoff und dem Feuchtegehalt der Luft abhängig.
Kugelblitz	Helle, kugelförmige Form blitzartiger Entladung, wahrscheinlich im Durchmesser nicht größer als 20 Zentimeter.
Labilität	Haufenbewölkung kann leicht entstehen und gut aufquellen.
Lee	windabgewandte Seite (eines Berges) bzw. Richtung, wohin der Wind weht.
Linienblitz	die häufigste, sich verästelnde Blitzform.
Luv	Seite (eines Berges), von der der Wind kommt.
Maximum	Höchstwert.
Millibar (mb)	ältere Luftdruckeinheit; dabei sind 1000 Millibar = 1 Bar, es ist die Kraft, mit der eine 75 Zen-

timeter hohe Quecksilbersäule auf 1 Quadratzentimeter drückt; somit 750 Millimeter = 1000 Millibar.

Minimum der kleinste Wert.

Mischwolke Wolke, die Wasser- und Eisteilchen enthält.

Occlusion Vereinigung von Kalt- und Warmfront.

Perlschnurblitz Blitzbahn mit einzelnen Lichtpunkten (vielleicht Übergang zu Kugelblitz).

Phänomen Erscheinung, vorwiegend bei Halo.

Physik Lehre der Naturgesetze.

Polarbanden so viel wie Cirrus radiatus.

Prognose Vorhersage.

Purpurlicht Teile der Dämmerungsvorgänge.

Quecksilber Flüssiges, schweres Metall.

Radar Funkmessgerät zur Messung der Zeitdifferenz zwischen Abgang und Rückkehr einer elektrischen Schwingung nach Reflexion an einem Objekt.

Radioaktivität Strahlung zerfallender chemischer Elemente (drei Arten: Alpha-, Beta- und Gammastrahlen).

Reflexion Das Zurückwerfen von Strahlen, Spiegelung

Refraktion Strahlenbrechung.

Relative Feuchte Verhältnis von der tatsächlichen Feuchtigkeit zur höchstmöglichen, das heißt Verhältnis von absoluter Feuchte zur Sättigung; wird in Prozenten ausgedrückt.

Riesel kleine Hagelkörner oder kleine Graupel.

Sättigung Höchstmögliche Aufnahmefähigkeit der Luft mit Wasserdampf, abhängig von der Temperatur.

Schneetreiben Durch starken Wind aufgewirbelter Schnee (nur tief am Boden: Schneefegen).

Singularität Kalenderbedingte Regelmäßigkeit im Wetterablauf.

Sommertag	Ein Tag, an dem die Höchsttemperatur größer oder gleich 25 Grad Celsius beträgt.
Stabilität	Wetterlage, bei der keine Haufenbewölkung entsteht bzw. sich weiterentwickeln kann.
Strahlungsfrost	Frost, der durch (nächtliche) Ausstrahlung entstanden ist.
Strahlungsnebel	Nebel, der durch (nächtliche) Ausstrahlung entstanden ist.
Sublimationskerne	Teilchen der Luft, an denen die Vereisung der Wolken stattfindet.
Synoptik	Gleichzeitiges Zusammentragen und Auswerten der Wetterbeobachtungen (für Wetterkarte).
Taupunkt	Temperatur, bei der die relative Luftfeuchtigkeit 100 Prozent beträgt bzw. Sättigung einsetzt.
Teiltief	Kleiner Ausläufer eines Tiefdruckgebietes – oft mit Gewittern.
Theodolit	Winkelmessgerät zur Verfolgung der Pilotballone, mit Seiten- und Höhenwinkel.
Trichterwolke	Wolkenschlauch bei Wind- und Wasserhosen.
Trombe	Wirbelwind, so viel wie Wind- und Wasserhose.
Vertikal	Senkrecht.
Vorhangwirkung	Scheinbares Zusammenschieben von Wolken über dem Horizont.
Wetterleuchten	Gewitter am Horizont, von dem nur der Blitz bei Dunkelheit gesehen wird.
Windbaum	Federwolken eines Wolkenaufzuges vor Wetterumschlag.
Witterung	Allgemeiner Ablauf der Wettererscheinungen über einen relativ kurzen Zeitraum.
Zyklone	Tiefdruckgebiet (Depression).

Abbildungsnachweise

Fotos im Tafelteil

1 Der Karlsruher Wolkenatlas, © Copyright: Bernhard Mühr
2 www.naturgewalten.de © Thomas Sävert
3 www.naturgewalten.de © Thomas Sävert
4 Thorsten Meyer
5 Markus Pfister, Meteomedia
6 Der Karlsruher Wolkenatlas, © Copyright: Bernhard Mühr
7 Der Karlsruher Wolkenatlas, © Copyright: Bernhard Mühr
8 Der Karlsruher Wolkenatlas, © Copyright: Bernhard Mühr
9 Susanne Danßmann, Meteomedia
10 Der Karlsruher Wolkenatlas, © Copyright: Bernhard Mühr
11 Thomas Stadie, Meteomedia
12 Archiv Jörg Kachelmann, Meteomedia
13 Graw Radiosondes, Nürnberg
14 Graw Radiosondes, Nürnberg
15 Graw Radiosondes, Nürnberg
16 Agentur brainworx, Köln

Fotos im Buch

S. 14: Der Karlsruher Wolkenatlas, © Copyright: Bernhard Mühr
S. 23 bis 55, Foto 1 bis 70, S. 181 bis 183: Siegfried und Christa Schöpfer
S. 130: Susanne Danßmann, Meteomedia
S. 147: Graw Radiosondes, Nürnberg
S. 156: Sammlung Gesellschaft für ökologische Forschung
S. 157: Gesellschaft für ökologische Forschung/Wolfgang
S. 191 oben: Christina Piza; unten: Katharina Lauterwasser-Stielow

Abbildungen im Buch

Die Abbildungen 1 bis 11 und 13 entstanden nach Vorlagen von Siegfried Schöpfer, Abbildung 12 nach einer Vorlage von Jörg Kachelmann.
Die Diagramme S. 168/169 stammen von Mario Kadlcik.

Die Autoren

Jörg Kachelmann, geboren 1958, studierte bis 1983 Geographie, Meteorologie, Mathematik und Physik in Zürich. Er gründete in der Schweiz und Deutschland in den neunziger Jahren das meteorologische Dienstleistungsunternehmen Meteomedia und ist Produzent und Moderator populärer Wettersendungen für die ARD und eine Reihe ihrer Einzelsender.

Siegfried Schöpfer, geboren 1908, Studium der Mathematik, Physik und Astronomie, war im Zweiten Weltkrieg Meteorologe beim Luftwaffenwetterdienst und danach bis zu seiner Pensionierung Direktor der Staatlichen Akademie zur Lehrerfortbildung in Comburg. Er lebt mit seiner Frau in Überlingen am Bodensee.